建设工程识图与造价系列丛书

建筑电气识图与造价入门

第 2 版

褚振文　赵彦强　编著

机械工业出版社

本书系统地介绍了建筑电气识图的基础知识以及建筑电气工程工程量清单计价的编制。本书建筑电气工程基础知识内容包括：建筑电气工程识图基础知识，建筑电气工程安装常用材料，建筑电气照明工程，防雷接地工程，弱电工程以及某商住楼电气工程识图实例导读；建筑电气工程工程量清单计价的内容包括：建筑电气工程工程量清单，建设工程工程量清单计价，建设工程工程量清单计价取费，某商住楼电气施工图工程量清单计价(投标标底)实例。

本书既有理论，又有实际案例，适合爱好建筑电气工程的读者自学建筑电气工程图以及工程造价的编制，也适用于建筑工科类院校学生学习。

图书在版编目(CIP)数据

建筑电气识图与造价入门/褚振文、赵彦强编著. —2版.
—北京：机械工业出版社，2016.3
(建设工程识图与造价系列丛书)
ISBN 978-7-111-52898-2

Ⅰ.①建… Ⅱ.①褚…②赵… Ⅲ.①建筑工程—电气设备
—电路图②建筑工程—电气设备—工程造价 Ⅳ.①TU85
②TU723.3

中国版本图书馆 CIP 数据核字(2016)第 024713 号

机械工业出版社(北京市百万庄大街 22 号　邮政编码 100037)
策划编辑：闫云霞　责任编辑：郭克学
责任校对：陈　越　封面设计：马精明
责任印制：乔　宇
北京铭成印刷有限公司印刷
2016 年 3 月第 2 版第 1 次印刷
184mm×260mm · 6.75 印张 · 6 插页 · 164 千字
标准书号：ISBN 978-7-111-52898-2
定价：24.00 元

凡购本书，如有缺页、倒页、脱页，由本社发行部调换

电话服务　　　　　　　　　　网络服务
服务咨询热线：010-88361066　机工官网：www.cmpbook.com
读者购书热线：010-68326294　机工官博：weibo. com/cmp1952
　　　　　　　010-88379203　金 书 网：www.golden-book.com
封面无防伪标均为盗版　　　教育服务网：www. cmpedu. com

第2版前言

本书主要有两大部分内容：第一部分叙述了建筑电气工程基础知识，第二部分叙述了建筑电气工程工程量清单计价。本书具有以下特点：

1. 从建筑电气工程基础知识开始，循序渐进地教读者看电气图及编制电气工程造价的方法。

2. 理论部分简明扼要，适合初学者，使读者在最短的时间里掌握做建筑电气工程造价的技能。

3. 实际案例有详细计算过程和文字解释，具有理论与实际相结合的特点。本书相当于一个有丰富经验的工程师，既在教读者理论知识，同时又在手把手地教读者编制实际工程造价。

4. 工程量清单、工程量计算，工程量清单计价及报价的编制等与实际案例相同，使读者在学理论的同时，又有身临"实战"的感觉。

5. 工程造价根据我国最新颁布实施的国家标准《建设工程工程量清单计价规范》（GB 50500—2013）、《房屋建筑与装饰工程工程量计算规范》（GB 50854—2013）及《通用安装工程工程量计算规范》（GB 50856—2013）的规定编写。

由于作者水平有限，且时间仓促，书中错误在所难免，望广大读者见谅，书中标准、规范如果与国家相关规定有冲突，以国家相关规定为准。

作　者

目 录

第1章　建筑电气工程识图基础知识

1.1　图纸幅面规格

1.1.1　图纸幅面

图纸幅面及图框尺寸，应符合表1-1的规定及图1-1~图1-3的格式。

表1-1　图纸幅面及图框尺寸

（单位:mm）

尺寸代号　幅面代号	A0	A1	A2	A3	A4
$b \times l$	841×1189	594×841	420×594	297×420	210×297
c		10		5	
a			25		

图纸的短边一般不应加长，长边可加长，但应符合表1-2的规定。

表1-2　图纸长边加长尺寸

（单位:mm）

幅面代号	长边尺寸	长边加长后尺寸
A0	1189	1486　1635　1783　1932　2080　2230　2378
A1	841	1051　1261　1471　1682　1892　2102
A2	594	743　891　1041　1189　1338　1486　1635　1783　1932　2080
A3	420	630　841　1051　1261　1471　1682　1892

注：有特殊需要的图纸，可采用 $b \times l$ 为841mm×891mm与1189mm×1261mm的幅面。

1.1.2　标题栏与会签栏

图纸的标题栏、会签栏及装订边的位置，应符合下列规定。

（1）横式使用的图纸，应按图1-1的形式布置。

（2）立式使用的图纸，应按图1-2、图1-3的形式布置。标题栏应按图1-4所示，根据工程需要确定其尺寸、格式及分区。签字区应包含实名列和签名列。会签栏应按图1-5的格式绘制，其尺寸应为100mm×20mm。

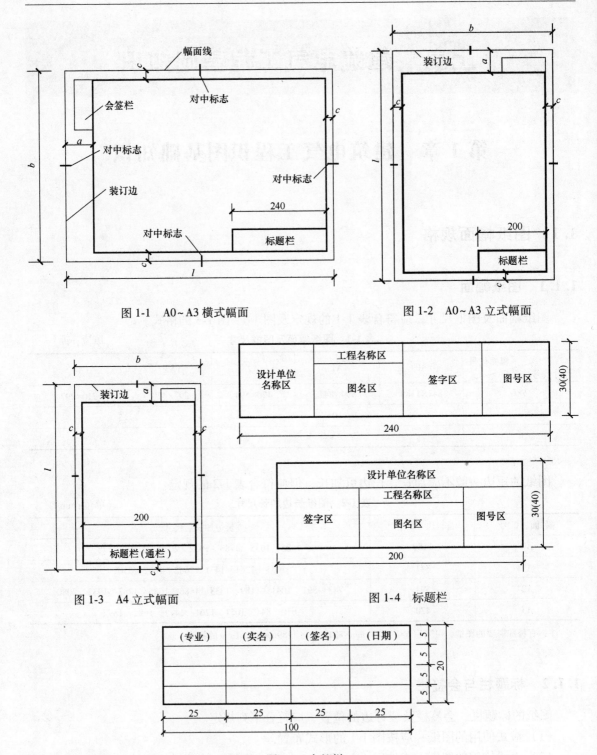

图 1-1　A0~A3 横式幅面

图 1-2　A0~A3 立式幅面

图 1-3　A4 立式幅面

图 1-4　标题栏

图 1-5　会签栏

1.1.3　图线

图线的宽度 b，宜从表 1-3 中选取。

表 1-3　线宽组 （单位:mm）

线 宽 比	线 宽 组					
b	2.0	1.4	1.0	0.7	0.5	0.35
$0.5b$	1.0	0.7	0.5	0.35	0.25	0.18
$0.25b$	0.5	0.35	0.25	0.18	—	—

注：1. 需要微缩的图样，不宜采用 0.18mm 及更细的线宽。

　　2. 同一张图样内，各不同线宽中的细线，可统一采用较细的线宽组的细线。

建设工程制图应选用表 1-4 所示的图线。

表 1-4　图线

名　称		线　型	线　宽	一般用途
实线	粗	——————	b	主要可见轮廓线
	中	——————	$0.5b$	可见轮廓线
	细	——————	$0.25b$	可见轮廓线、图例线
虚线	粗	— — — —	b	见各有关专业制图标准
	中	— — — —	$0.5b$	不可见轮廓线
	细	— — — —	$0.25b$	不可见轮廓线、图例线
单点长画线	粗	—·—·—·—	b	见各有关专业制图标准
	中	—·—·—·—	$0.5b$	见各有关专业制图标准
	细	—·—·—·—	$0.25b$	中心线、对称线等
双点长画线	粗	—··—··—	b	见各有关专业制图标准
	中	—··—··—	$0.5b$	见各有关专业制图标准
	细	—··—··—	$0.25b$	假想轮廓线、成型前原始轮廓线
双折线		—⋀—	$0.25b$	断开界线
波浪线		∼∼∼	$0.25b$	断开界线

图纸的图框线、标题栏线的宽度可采用表 1-5 的线宽。

表 1-5　图框线、标题栏线的宽度 （单位:mm）

幅 面 代 号	图 框 线	标题栏外框线	标题栏分格线、会签栏线
A0、A1	1.4	0.7	0.35
A2、A3、A4	1.0	0.7	0.35

1.1.4　字体

文字的字高，应从表 1-6 中选用，如需书写更大的字，其高度应按 $\sqrt{2}$ 的倍数递增。

图样及说明中的汉字，宜采用长仿宋体，宽度与高度的关系应符合表 1-6 的规定。大标题、图册封面、地形图等的汉字，也可书写成其他字体，但应易于辨认。

表1-6　长仿宋体高宽关系　　　　　　　　　（单位：mm）

字高	20	14	10	7	5	3.5
字宽	14	10	7	5	3.5	2.5

拉丁字母、阿拉伯数字与罗马数字的书写与排列，应符合表1-7的规定。

表1-7　拉丁字母、阿拉伯数字与罗马数字书写规则

书 写 格 式	一般字体	窄字体	书 写 格 式	一般字体	窄字体
大写字母高度	h	h	字母间距	$2/10h$	$2/14h$
小写字母高度（上下均无延伸）	$7/10h$	$10/14h$	上下行基准线最小间距	$15/10h$	$21/14h$
小写字母伸出的头部或尾部	$3/10h$	$4/14h$	词间距	$6/10h$	$6/14h$
笔画宽度	$1/10h$	$1/14h$			

1.1.5　比例

　　图样的比例，即为图形与实物相对应的线性尺寸之比。比例的大小，是指其比值的大小，如1：50大于1：100等。比例的符号为"："，比例应以阿拉伯数字表示，如1：1、1：20、1：100等。比例宜注写在图名的右侧，字的基准线应取平；比例的字高宜比图名的字高小一号或二号，如图1-6所示。

平面图　1:100　⑥ 1:20

图1-6　比例的注写

　　绘图所用的比例，应根据图样的用途与被绘对象的复杂程度，从表1-8中选用，并优先选用表中的常用比例。

表1-8　绘图所用的比例

常用比例	1：1、1：2、1：5、1：10、1：20、1：50、1：100、1：150、1：200、1：500、1：1000、1：2000
可用比例	1：3、1：4、1：6、1：15、1：25、1：30、1：40、1：60、1：80、1：250、1：300、1：400、1：600、1：5000、1：10000、1：20000、1：50000、1：100000、1：200000

1.1.6　箭头和指引线

　　电气图中有两种箭头符号：一种是开口箭头，另一种为实心箭头，如图1-7所示。

　　开口箭头用在信号线及连接线上，实心箭头用于指引线。

　　指引线用来指示注释的对象，为细实线，指向被注释处，并在其末端加不同的标记：指向轮廓线内，加一黑点，如图1-8a所示；指向轮廓线上，

a)　　　　　　b)

图1-7　箭头的两种形式

a) 开口箭头　b) 实心箭头

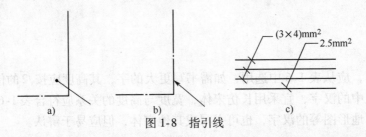

(3×4)mm²
2.5mm²

a)　　　　　　b)　　　　　　c)

图1-8　指引线

加一实心箭头，如图 1-8b 所示；指向电路线上，加一短斜线，如图 1-8c 所示。

1.1.7　详图

根据电气设备中某些零部件、连续点等的做法及安装工艺要求，有时需要将这部分图单独放大，详细画出，这种图称为详图。

标注在总图位置上的标记，称为详图索引符号；标注在详图位置上的标记，称为详图符号，如图 1-9 所示。

1.1.8　安装标高

安装标高是用来表示线路和电气设备的安装高度的。

建筑图中均采用相对标高，如图 1-10 所示。图 1-10a 用于室内平面图、剖面图上，表示高出某一基准面 3.000m；图 1-10b 用于总平面图上的室外地面，表示高出室外某基准面 4.000m。

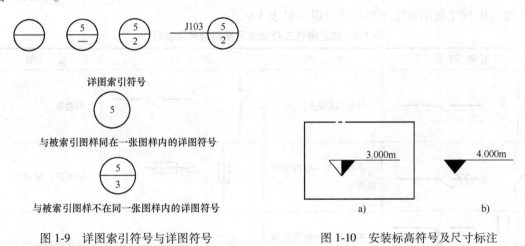

图 1-9　详图索引符号与详图符号　　　　　　图 1-10　安装标高符号及尺寸标注

1.2　建筑电气工程图的类型

建筑电气工程图分为基本图和详图两大类，现分别叙述如下。

1.2.1　基本图

基本图是由图样目录、设计说明、系统图、平面图、立（剖）面图、控制原理图、设备材料表等组成的。

（1）设计说明是指图样的文字解释，具体内容见本书第 6 章图中的文字解释。

（2）主要设备材料表的内容包括各种设备的名称、型号、规格、材质和数量。

（3）系统图是指把整个工程的供电线路用单线连接形式示意性地表示的线路图。具体内容见本书第 6 章。

（4）常用的电气平面图有动力平面图、照明平面图、弱电平面图。具体内容见本书第 6 章。

（5）控制原理图是指根据控制电器的工作原理，按规定的线段和图形符号绘制成的电路展开图，控制原理图一般不表示各电气元件的空间位置。

控制原理图不是每套图样都有，只有当工程需要时才绘制。

1.2.2　详图

（1）建筑电气工程详图是指电气设备（配电盘、柜）布置和安装的大样图。大样图上的各部位都注有详细的尺寸。

（2）标准图是指具有通用的特性图的合编，里面注有具体图形和详细尺寸。

1.3　建筑电气工程图的常用符号

1.3.1　图形符号

建筑电气工程图常用图形符号及说明见表 1-9。

表 1-9　建筑电气工程图常用图形符号及说明

图 形 符 号	说 明	图 形 符 号	说 明
	开关（机械式）		断路器
	多极开关一般符号单线表示		熔断器一般符号
	多极开关一般符号多线表示		跌落式熔断器
	接触器的主动合触点（在非操作位置上触点断开）		熔断器式开关
	接触器的主动断触点（在非操作位置上触点闭合）		熔断器式负荷开关
	负荷开关（负荷隔离开关）		按钮（不闭锁）
	熔断器式断路器		手动旋转开关

（续）

图 形 符 号	说 明	图 形 符 号	说 明
	带动合触点的位置开关		电流互感器
	带动断触点的位置开关		在一个铁心上具有两个二次绕组的电流互感器
	动合(常开)触点 注：本符号也可以用作开关一般符号		具有两个铁心和两个二次绕组的电流互感器
	动断(常闭)触点		星形－三角形联结的三相变压器
	先断后合的转换触点		星形－曲折形联结的三相变压器
	接通的连接片		操作件一般符号
	断开的连接片		具有两个绕组的操作器件组合表示法
	双绕组变压器		热继电器的驱动器件
	三绕组变压器		电阻器一般符号
	自耦变压器		可调电阻器
	电抗器 扼流圈		带滑动触点的电位器

（续）

图形符号	说　　明	图形符号	说　　明
预调电位器	预调电位器	→ Wh	从动电能表（转发器）
电容器一般符号	电容器一般符号	→ Wh	从动电能表（转发器）带有打印器件
＊	指示仪表（星号必须按规定予以代替）	屏、盘、架一般符号 注：可用文字符号或型号表示设备名称	屏、盘、架一般符号 注：可用文字符号或型号表示设备名称
V	电压表	列架一般符号	列架一般符号
A	电流表	人工交换台、中继台、测量台、业务台等一般符号	人工交换台、中继台、测量台、业务台等一般符号
A $I\sin\varphi$	无功电流表	总配线架	总配线架
W P_{max}	最大需量指示器（由一台积算仪表操纵的）	中间配线架	中间配线架
var	无功功率表	走线架、电缆走道	走线架、电缆走道
$\cos\varphi$	功率因数表	地面上明装走线槽	地面上明装走线槽
Hz	频率计	地面下暗装走线槽	地面下暗装走线槽
＊	积算仪表一般符号（星号必须按照规定予以代替）	～	交流母线
Ah	安培小时计	===	直流母线
Wh	电能表	装在支柱上的封闭式母线	装在支柱上的封闭式母线
varh	无功电能表	电缆预留	电缆预留
Wh →	带发送器电能表	中性线	中性线
Wh →	带发送器电能表	保护线	保护线
Wh →	带发送器电能表	保护线和中性线共用线	保护线和中性线共用线

（续）

图形符号	说　明	图形符号	说　明
	具有保护线（PE 线）和中性线（N 线）的三相线路		功能等电位联结
	滑触线		功能性接地
	地下线路		
	架空线路		保护接地
	套管线路		
	6 孔套管线路		等电位
	具有埋入地下连接点的线路		电缆终端头
	水下线路		
	沿建筑物明敷设通信线路		电力电缆直通接线盒
	沿建筑物暗敷设通信线路		
	导线、导线组、电路线路、母线一般符号		电力电缆连接盒
	3 根导线		
	4 根导线		
	事故照明线		控制和指示设备
	50V 及其以下电力及照明线路		报警触发装置
	控制及信号线路（电力及照明用）		线型探测器
	原电池或蓄电池		火灾报警装置
	原电池组或蓄电池组		温
	接地一般符号		烟

(续)

图 形 符 号	说　明	图 形 符 号	说　明
	可燃气体		氧化剂消防设备辅助符号
	手动启动		卤代烷消防设备辅助符号
	电铃	导线的连接	
	扬声器		端子
	发声器		连接点
	电话机	变流器方框符号	
	照明信号		变换器一般符号 转换器一般符号
	手动报警器		直流变换器
	感烟火灾探测器		整流器
	感温火灾探测器	电动机起动器的方框符号	
	气体火灾探测器		电动机起动器一般符号
	火警电话机		星-三角起动器
	报警发声器		自耦变压器式起动器
	有视听信号的控制和显示设备	电力、照明和电信布置插座	
	在专用电路上的事故照明灯		单相插座
	自带电源的事故照明灯装置(应急灯)		暗装单相二极插座
	警卫信号探测器		暗装单相三极插座
	警卫信号区域报警器		密闭(防水)单相插座
	警卫信号总报警器		防爆单相插座
	逃生路线，逃生方向		带保护触点插座 带接地插孔的单相插座
	逃生路线、最终出口		
	二氧化碳消防设备辅助符号		带接地插孔的暗装单相插座

（续）

图 形 符 号	说　明	图 形 符 号	说　明
	带接地插孔的密闭（防水）单相插座		防爆单极开关
	带接地插孔的防爆单相插座		双极开关
	带接地插孔的三相插座		暗装双极开关
	带接地插孔的暗装三相插座		密闭（防水）双极开关
	带接地插孔的密闭（防水）三相插座		防爆双极开关
	带接地插孔的防爆三相插座		三极开关
	插座箱（板）		暗装三极开关
	多个插座		密闭（防水）三极开关
	具有单极开关的插座		防爆三极开关
电力、照明和电信布置开关			单极拉线开关
	开关一般符号		单极限时开关
	明装单极开关		具有指示灯的开关
	暗装单极开关		双控单极开关
	密闭（防水）单极开关		调光器

图 形 符 号	说　明	
	名　称	型号、规格、做法说明
	变电站	
	室外箱式变电所	
	杆上变电站	
	多种电源配电箱	画于 墙外为明装 墙内为暗装，除注明外下皮距地 $\frac{1.2}{1.4}$m
	电力配电箱	

（续）

图 形 符 号	说　　明	
	名　　称	型号、规格、做法说明
■	照明配电箱	画于 墙外为明装 墙内为暗装，除注明外下皮距地 $^{2.0}_{1.4}$ m， 明装电能表板底距地 1.8m
▨	电源自动切换箱	画于 墙外为明装 墙内为暗装，除注明外下皮距地 $^{1.2}_{1.4}$ m
▧	事故照明配电箱(盘)	画于 墙外为明装 墙内为暗装，除注明外下皮距地 $^{1.2}_{1.4}$ m
⊞	组合开关箱	画于 墙外为明装 墙内为暗装，除注明外下皮距地 $^{1.2}_{1.4}$ m
⬭	电铃操作盘	除注明外，下皮距地 1.2m
▣	吹风机操作盘	距地 1.2m，容量见设计图样
① ⊖	配电盘编号	圈内的数字为动力或照明的编号
Ⓜ	交流电动机	除注明外，只做出线口，防水弯头距机座上 0.2m，均附接地螺栓
▣	按钮盒	圈或点数表示按钮数，除注明外，均为明装， 距地 1.4m，按钮组合排列见设计图
⊙⊙　▣	立柱式按钮箱	
—▪∞	风扇一般符号	除注明外，只做出线盒及吊钩
⊠	暖风机或冷风机	
⊗	轴流风扇	
⌀	风扇电阻开关	除注明外，距地 1.4m
⟁	号志箱	
⊙	交流电钟	除注明外，只做出线口(明线时，用明插座)， 距顶 0.3m
⬤	暗装单相三极防脱锁紧型插座(带接地)	250V-10A，距地 0.3m，居民住宅及儿童活动场所应采用安全插座，如采用普通插座时， 应距地 1.8m
⬤	暗装三相四极防脱锁紧型插座(带接地)	380V-20A，距地 0.3m
⬤	暗装 T 形插座	50V-10A，距地 0.3m
▢	出线盒	

（续）

图形符号	说　明	
	名　称	型号、规格、做法说明
●	防水拉线开关（单相二线）	250V-3A，瓷制
⌐○↗	拉线双控开关（单极三线）	250V-3A
8	吊线灯附装拉线开关	250V-3A（立轮式），开关绘制方向表示拉线开关的安装方向
⌐○↗	明装双控开关（单极三线）	跷板式开关，250V-6A
⌐●↗	暗装双控开关（单极三线）	跷板式开关，250V-6A
●○⌐	暗装按钮式定时开关	250V-6A
○⌐	暗装拉线式定时开关	250V-6A
⤩○⤨	暗装拉线式多控开关	250V-6A
⤩●⤨	暗装按钮式多控开关	250V-6A
◉	电铃开关	250V-6A
✕	顶棚灯座（裸灯头）	容量和安装方式见设计图
✕→	墙上灯座（裸灯头）	
⊗	各种灯具一般符号	灯具型号见设计图样
⊗	花灯	符号下面数字为选用《建筑电气安装工程图集》中待选定型灯具的设计编号
Ⓕ ××	非定型特制灯具	具体要求详见工程图注，下面数字为区别种类的编号
▭	荧光灯列（带状排列荧光灯）	规格、容量、型号、数量按工程设计图要求，施工中一般均应采用高效节能型荧光灯灯具及与其配套的高可靠、高功率因数（>0.95）的交流电子镇流器
⊢⊣	荧光灯一般符号	
⊨	双管荧光灯	
⊨	多管荧光灯	
⊡	荧光灯花灯组合	
⊢◄	防爆荧光灯	
⊗	投光灯	规格、容量详见设计图注
──	电源引入线	除注明外，架空引入时，高度与一层顶板相同

（续）

图 形 符 号	说　明	
	名　称	型号、规格、做法说明
○	一般电杆	除有设计图或说明外，均按《建筑电气安装工程图集》
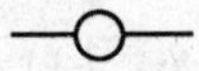 ─○─	带照明灯具的电杆	
 ─○↓	带照明灯具的电杆及投照方向	
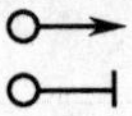 ○→ ○┤	拉线的一般符号	
 ○←→┤	带撑杆的电杆	
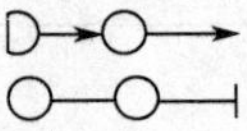 ▷→○─ ○─○┤	带高桩拉线的电杆	
 ∿	交流配电线路	铝铜芯导线时为 2 根 $\frac{2.5}{1.5}mm^2$　导线型号的选择详见工程设计说明；除工程设计图中注明外，暗敷时，按《建筑电气安装工程图集》JD50-605 ~ 607 选配相应的管径及线槽
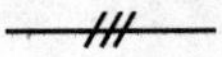 ─///─	交流配电线路	铝铜芯导线时为 3 根 $\frac{2.5}{1.5}mm^2$
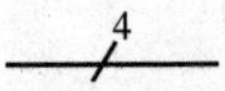 ─/⁴─	交流配电线路	铝铜芯导线时为 4 根 $\frac{2.5}{1.5}mm^2$
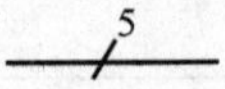 ─/⁵─	交流配电线路	铝铜芯导线时为 5 根 $\frac{2.5}{1.5}mm^2$
 ①	支路编号	
 ─▭─	电缆穿管(钢管、非金属管)保护	管径规格见具体工程图注
◉	中途穿线盒或分线盒	做法见《建筑电气安装工程图集》
 ─□□─	伸缩缝穿线盒	做法见《建筑电气安装工程图集》
─▭─	电缆入孔	除注明外，见《建筑电气安装工程图集》
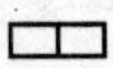 □□	电缆手孔	
 ↗向上配线 ↘向下配线 ↕垂直通过配线	管线引向符号	引上，引下，由上引来，由下引来，引上并引下，由上引来再引下，由下引来再引上
 ⇈⇈⇈⇈⇈	电缆桥架 封闭式母线引向符号 线槽	引上，引下，由上引来，由下引来，引上并引下，由上引来再引下，由下引来再引上

（续）

图形符号	说　明		
	名　称	型号、规格、做法说明	
LP	避雷线	除注明外，见《建筑电气安装工程图集》	
●	避雷针		
熔断器式隔离开关符号	熔断器式隔离开关	除注明外，均为 HR3 型熔断器式隔离开关	
AK	安培表的换相开关		
VK	伏特表的换相开关		
壁龛交接箱符号	壁龛交接箱	除注明外，暗装距地 0.3m	
室内分线盒符号	室内分线盒	除注明外，只做出线口，暗装距地 0.3m	
广播分线箱符号	广播分线箱（盘）	除注明外，暗装距地 0.3m	
——F——	电话线路	RVB(2×0.2)	暗装时穿管
——F—1—		1 对　　1(2×0.2)	
——F—2—		2 对　　2(2×0.2)	SC15
——F—3—		3 对　　3(2×0.2)	PC15
——F—4—	末端线路，简化标注时，只注明电话对数	4 对　　4(2×0.2)	TC20
——F—5—		5 对　　5(2×0.2)	FEC15
——B——	广播线路	除注明外，同电话线路注法	
——V——	电视线路	除注明外，电缆采用 SYY-75-5-1 型，穿(KRG)15、FEC15、TC15，明、暗敷设由设计定	
(100)	设计照度	表示 100lx	
±0.000	安装或敷设高度（m）	自室内该处地面算起	
▼±0.000	安装或敷设高度（m）	自室外该处地面算起	
消防专用按钮符号	消防专用按钮	SFAN-1 型	
实验室用明装塑料插销组板符号	实验室用明装塑料插销组板	安装高度：除注明者外，距地 1.2m；装于依墙实验台处，距台面上 0.3m	
实验室用暗装插销组箱符号	实验室用暗装插销组箱	安装高度：除注明者外，距地 1.2m；装于依墙实验台处，距台面上 0.3m	
(A/B)	实验室插销组板、箱编号	圈内数字：A 为分盘号；B 为设计选定插销组板或箱的排列方案号	

（续）

图 形 符 号	说　明		
	名　称	型号、规格、做法说明	
⏚ (接地端子板符号)	实验室明装接地端子板	右下角数字表示安装接地端子的节数，由设计选定。安装高度：除注明外，距地0.3m	
⏚ (接地端子箱符号)	实验室暗装接地端子箱		
标注照明变压器规格的格式	在电话交接箱上标写的格式	标注相序的代号	表达照明灯具安装方式的代号
$\dfrac{a}{b}-c$ a——一次电压(V)； b——二次电压(V)； c——额定容量(V·A)	$\dfrac{a-b}{c}d$ a——编号； b——型号； c——线序； d——用户数	L1(或A相)——三相交流系统电源第一相； L2(或B相)——三相交流系统电源第二相； L3(或C相)——三相交流系统电源第三相； U——三相交流系统设备端第一相； V——三相交流系统设备端第二相； W——三相交流系统设备端第三相； N——中性线	代号见表1-11
标注线路的代号	标写计算用的代号	在电话线路上标写的格式	
PG——配电干线； LG——电力干线； MG——照明干线； PFG——配电分干线； LFG——电力分干线； MFG——照明分干线； KZ——控制线	P_e——设备容量(kW)； P_{is}——计算负荷(kW)； I_{is}——计算电流(A)； I_z——整定电流(A)； K_x——需要系数； $\Delta U(\%)$——电压损失； $\cos\varphi$——功率因数	$a-b(c{\times}d)\cdot e-f$ a——编号； b——型号； c——导线对数； d——导线芯径(mm)； e——敷设方式和管径； f——敷设部位	代号见表1-11

1.3.2　设备文字符号

建筑电气常用设备名称及文字符号见表1-10。

表1-10　建筑电气常用设备名称及文字符号

设 备 名 称	文 字 符 号	设 备 名 称	文 字 符 号
发电机	G	隔离开关	QS
电动机	M	控制开关	SA
电力变压器	TM	选择开关	SA
电流互感器	TA	有功电能表	PJ
电压互感器	TV	无功电能表	RJR
熔断器	FU	频率表	PF
断路器	QF	功率因数表	PPF
接触器	KM	指示灯	HL
调节器	A	红色指示灯	HLR
继电器	K	绿色指示灯	HLG
电阻器	R	蓝色指示灯	HLB
电感器	L	黄色指示灯	HLY
电抗器	L	白色指示灯	HLW
电容器	C	继电器	K
整流器	U	电流继电器	KA
压敏电阻器	RV	电压继电器	KV
开关	Q	时间继电器	KT

（续）

设 备 名 称	文 字 符 号	设 备 名 称	文 字 符 号
差动继电器	KD	有功功率表	PW
功率继电器	KP	无功功率表	PR
接地继电器	KE	电能表	PJ
气体继电器	KG	热继电器（热元件）	KR
逆流继电器	KR	温度继电器	KT（E）
中间继电器	KA	重合闸继电器	KC
信号继电器	KS	阻抗继电器	KI（M）
闪光继电器	KFR	零序电流继电器	KCZ
负荷开关	QS（F）	接触器	KM
蓄电池	GB	母线	W
避雷器	FA	电压小母线	WV
按钮	SB	控制小母线	WCL
合闸按钮	SB（L）	合闸小母线	WCL
停止按钮	SB（P）	信号小母线	WS
试验按钮	SB（E）	事故音响小母线	WFS
合闸线圈	YC	预告音响小母线	WPS
跳闸线圈	YT	闪光小母线	WF
接线柱	X	直流母线	WB
连接片	XB	电力干线	WPM
插座	XS	照明干线	WLM
插头	XP	电力分支线	WP
端子板	XT	照明分支线	WL
测量设备	P	应急照明干线	WEM
电流表	PA	应急照明分支线	WE
电压表	PV	插接式母线	WIB

1.3.3　线路敷设部位文字代号

电气图中常用线路敷设部位及常用文字代号见表 1-11。

表 1-11　线路敷设部位及常用文字代号

表 达 内 容	文 字 代 号	表 达 内 容	文 字 代 号
沿钢索敷设	SR	固定线吊式	CP1
沿屋架或层架下弦敷设	BE	防水线吊式	CP2
沿柱敷设	CLE	吊线器式	CP3
沿墙敷设	WE	链吊式	CH
沿顶棚敷设	CE	管吊式	P
在能进人的吊顶内敷设	ACE	吸顶式或直附式	S
暗敷在梁内	BC	嵌入式（嵌入不可进入的顶棚）	R
暗敷在柱内	CLC	顶棚内安装（嵌入可进入的顶棚）	CR
暗敷在屋面内或顶板内	CC	墙壁内安装	WR
暗敷在地面内或地板内	FC	台上安装	T
暗敷在不能进人的吊顶内	AC	支架上安装	SP
暗敷在墙内	WC	壁装式	W
线吊式	CP	柱上安装	CL
自在器线吊式	CP	座装	HM

1.3.4　线路敷设方式文字代号

电气图中常用线路敷设方式及常用文字代号见表1-12。

表1-12　线路敷设方式及常用文字代号

表达内容	现行工程图样表达线路敷设方式常用的文字代号		
	英文代号	汉语拼音	工程常用文字代号
用普通碳素钢电线套管敷设	TC	DG	DG
用低压流体输送用镀锌焊接钢管敷设	SC	G	G
用硬质聚氯乙烯管敷设	PC	VG	VG
用半硬聚氯乙烯管敷设	PEC	BYG	BYG
用金属线槽敷设	SR	GC	GXC
用难燃型塑制线槽敷设	PR	XC	VXC
用瓷线夹敷设	PL	CJ	CJ
用塑制线夹敷设	PCL	VT	—
用瓷瓶或瓷柱式绝缘子敷设	K	CP	—
用金属蛇皮管敷设	CP	—	—
用塑制可挠管敷设	—	—	KRG
用电缆桥架（或托盘）敷设	CT	—	—

第2章　建筑电气工程安装常用材料

2.1　电线、电缆

2.1.1　绝缘电线

常用绝缘电线主要有塑料绝缘电线和橡皮绝缘电线两大类，其型号和特点见表2-1。

表2-1　绝缘电线的型号和特点

名称	类　型		型　号		主要特点
			铝　芯	铜　芯	
塑料绝缘电线	聚氯乙烯绝缘线	普通型	BLV、BLVV（圆形）BLVVB（平行）	BV、BVV（圆形）、BVVB（平行）	这类电线的绝缘性能良好，制造工艺简便，价格较低；缺点是对气候适应性能差，低温时变硬发脆，高温或日光照射下增塑剂容易挥发而使绝缘老化加快
		绝缘软线		BVR、RV、RVB（平行）、RVS（绞形）	
		阻燃型		ZR-RV、ZR-RVB（平行）、ZR-RVS（绞形）ZR-RVV	
		耐热型	BLV105	BV105、RV-105	
	丁腈聚氯乙烯复合绝缘软线	双绞复合物软线		RFS	它是塑料绝缘线的新品种，这种电线具有良好的绝缘性能，并具有耐寒、耐油、耐腐蚀、不延燃、不易热老化等性能，在低温下仍然柔软，使用寿命长，远比其他型号的绝缘软线性能优良
		平行复合物软线		RFB	
橡皮绝缘电线	棉纱编织橡皮绝缘线		BLX	BX	这类电线弯曲性能较好，对气温适应较广，玻璃丝编织线可用于室外架空线或进户线
	玻璃丝编织橡皮绝缘线		BBLX	BBX	
	氯丁橡皮绝缘线		BLXF	BXF	这种电线绝缘性能良好，且耐油、不易霉、不延燃、适应气候性能好、光老化过程缓慢，老化时间约为普通橡皮绝缘电线的两倍

2.1.2　电缆

电缆分为电力电缆、通信电缆和射频电缆。

1. 电力电缆

电力电缆分成以下几类：

（1）油浸纸绝缘电力电缆。

（2）塑料绝缘电力电缆，包括聚氯乙烯绝缘电力电缆、聚乙烯绝缘电力电缆、交联聚乙烯绝缘电力电缆。常用聚氯乙烯绝缘电力电缆结构如图 2-1 所示。

（3）橡皮绝缘电力电缆，包括天然-丁苯橡皮绝缘电力电缆、乙基橡皮绝缘电力电缆、丁基橡皮绝缘电力电缆等。

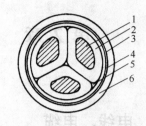

图 2-1　聚氯乙烯绝缘电力电缆结构
1—导线　2—聚氯乙烯绝缘
3—聚氯乙烯内护套　4—铠装层
5—填料　6—聚氯乙烯外护套

2. 通信电缆

通信电缆可分为对称式通信电缆、同轴通信电缆及光缆。通信电缆符号的意义见表 2-2。

表 2-2　通信电缆符号的意义

用　　途		导　　体		内　护　层		铠　装　层	
字母	代 表 意 义	字母	代 表 意 义	字母	代 表 意 义	数字	代 表 意 义
H	市内电话电缆	T	铜导线	GW	皱纹铜管	0	无
HB	电话线	L	铝导线	LW	皱纹铝管	2	双钢带
HE	长途对称通信电缆	G	钢（铁）	L	铝护层		
HJ	局用电缆	HL	铝合金线	Q	铅护层	3	细圆钢丝
HD	干线同轴电缆		绝缘层	V	聚氯乙烯	4	粗圆钢丝
HP	配线电缆	字母	代 表 意 义	Y	聚乙烯	外被层	
HZ	电话软线	V	聚氯乙烯	A	铝-聚乙烯	数字	代 表 意 义
S	射频同轴电缆	Y	聚乙烯	S	钢-铝-聚乙烯	0	无
P	信号电缆	B	聚苯乙烯	特　征		1	纤维层
		YE	泡沫聚乙烯	字母	代 表 意 义	2	聚氯乙烯护套
HS	电视电缆	F	聚四氯乙烯	C	自承	3	聚乙烯护套
		X	橡皮	J	交换机用		
		Z	纸	P	屏蔽层		
				B	扁（平行）		

3. 射频电缆

射频电缆主要应用于电视系统，以及其他高频信号的传输系统。其结构如图 2-2 和图 2-3 所示。

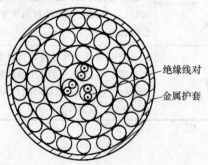

绝缘线对
金属护套

图 2-2　50 对同心式电缆截面示意图

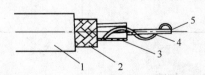

图 2-3　半空气-绳管绝缘同轴射频电缆结构
1—聚氯乙烯护套　2—软圆铜线编织
3—聚氯乙烯管　4—聚乙烯绳　5—导电线芯

2.2　配线用管材

常用的配线管材有金属管和塑料管两类。

1. 金属管

常用的金属管有厚壁钢管、薄壁钢管、金属波纹管和普利卡套管四类。厚壁钢管又称水煤气管，有镀锌和不镀锌之分。薄壁钢管又称电线管。

（1）厚壁钢管（水煤气管）常用来暗配于一些潮湿场所或直埋于地下，也可以沿建筑物、墙壁或支吊架敷设。

（2）薄壁钢管（电线管）常用于敷设在干燥场所的电线、电缆的保护管，有明敷或暗敷两种形式。

2. 塑料管

建筑电气工程中常用的塑料管有三种：硬质塑料管（PVC 塑料管）、半硬质塑料管和软塑料管。

（1）PVC 塑料管常用于民用建筑或室内有酸、碱腐蚀性介质的场所。环境温度在 40℃以上的高温场所不应使用，在发生有机械冲击、碰撞、摩擦等易受机械损伤的场所也不应使用。

（2）半硬质塑料管多用于干燥场所的电气照明工程以及暗敷布线中。半硬质塑料管分为难燃平滑塑料管和难燃聚氯乙烯波纹管（简称塑料波纹管）两种。

2.3　安装电工常用工具

1. 验电笔

验电笔可用来检验低压电线、电器和电气装置是否带电，由氖管、电阻、弹簧和笔身组成，如图 2-4 所示。常见的验电笔有钢笔式和螺丝刀式两种。

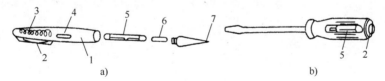

图 2-4　验电笔

a）钢笔式　b）螺丝刀式

1—笔杆　2—笔尾的金属物　3—弹簧　4—窗口　5—氖管　6—电阻　7—笔尖金属物

2. 电工刀

电工刀可用于切削电线、电缆绝缘层、绳索、木桩及软性金属，有普通式和三用式等。

3. 螺丝刀（又称起子）

螺丝刀是用于旋紧或起松螺钉的工具，有木柄和塑料柄两种，刀头有一字形和十字形之分。

4. 钢丝钳

钢丝钳如图 2-5 所示，钳口部位可用来钳夹、弯曲或缠绞导线线芯或钢丝；齿口可用来紧固或松动小型螺母；刃口（又称切口）用来剪切电线和钢丝，也可用于剥离电线绝缘层；铡口可用来铡切钢丝等硬金属丝。

5. 剥线钳

剥线钳是用来剥去电线线头绝缘层的工具，如图 2-6 所示。

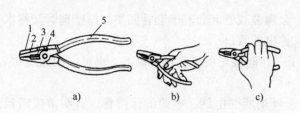
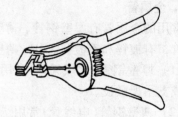

　　　a)　　　　　b)　　　　c)

图 2-5　钢丝钳　　　　　　　　　图 2-6　剥线钳

a) 钢丝钳构造图　b) 剪断电线握法　c) 扳旋螺母握法

1—钳口　2—齿口　3—刃口　4—铡口　5—钳柄绝缘套管

第3章 建筑电气照明工程

3.1 照明基础知识

3.1.1 照明的分类

1. 工作照明

正常工作时用的室内外照明,称为工作照明。工作照明又可分为一般照明、局部照明和混合照明三种。

(1) 一般照明是指整个场所照度基本均匀设置的照明,如办公室、教室、室外广场等。

(2) 局部照明是指对于局部地点需要高照度并对照射方向有要求时的照明。

(3) 混合照明是指由一般照明和局部照明共同组成的照明。

2. 事故照明

正常照明因故不能使用时启用的备用照明,称为事故照明。

事故照明必须采用能瞬时可靠点燃的光源,一般采用白炽灯或卤钨灯。事故照明的电路应与工作照明分开,而且应该可靠。

3. 警卫值班照明

警卫值班照明宜利用一般照明中能单独控制的一部分或利用事故照明的一部分或全部作为值班照明。

3.1.2 常用照明光源

光源可分为两大类:一类是热辐射光源——利用物体加热时辐射光的原理所制造的光源,如白炽灯、卤炽灯、卤钨灯(碘钨灯和溴钨灯等);另一类是气体放电光源——利用气体放电时发光的原理所制造的光源,如荧光灯、高压汞灯、高压钠灯、金属卤化物灯和氙灯等。

目前常用的电光源有以下几种。

(1) 白炽灯。白炽灯是最早的电光源,它是靠通电加热钨丝(达 2400~2500℃)使其处于白炽状态而发光的,如图 3-1 所示。

(2) 卤钨灯。其工作原理与白炽灯相同,卤钨灯是在直径为 12mm 或 13.5mm 的具有钨丝的石英灯管中充入微量的卤化物(碘化物或溴化物),利用卤钨循环来提高发光效率的一种光源,如图 3-2 所示。

(3) 荧光灯。荧光灯旧称日光灯,是一种管状光源,它是靠汞蒸气放电时发出紫外线,用以激发灯管内壁的荧光粉而发光的。它代表光源史上的第二代。

(4) 高压水银荧光灯。高压水银荧光灯又称高压汞

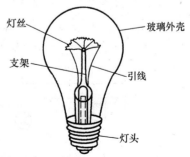

图 3-1 普通白炽灯灯泡结构

灯，因它的内管的工作气压为1~5个大气压而得名。其发光原理和荧光灯一样，只是构造上增加一个内管。外形和金属卤化物灯一样，如图3-3所示。

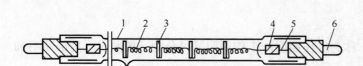

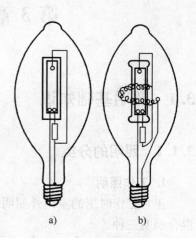

图3-2　卤钨灯结构　　　　　　　　　　　　　　图3-3　高压汞灯
1—石英玻璃管　2—灯丝　3—支架　4—钼箱　5—导丝　6—电极　　　　a）外镇流式　b）自镇流式

（5）金属卤化物灯。它是在高压汞灯的放电管内添加一些金属卤化物（如碘、溴、钠、铊、铟、镝、钍等金属卤化物），靠金属卤化物的循环作用，不断向电弧提供相应的金属蒸汽，金属原子在电弧中受激发而辐射该金属的特征光谱线。

（6）氙灯。它是一种内充高纯度氙气的弧光放电灯，高压氙气放电时能产生很强的白光，接近连续光谱，和太阳光十分相似，故有"小太阳"之称。

（7）高压钠灯。它的工作原理是利用高压钠蒸汽放电，其辐射光的波长集中在人眼较灵敏的区域内，故光效高，为高压汞灯的两倍，约为110lm/W。

3.1.3　照明基本线路

常用照明基本控制电路有下面几种。

（1）一只开关控制一盏灯（或多盏灯），如图3-4、图3-5所示。

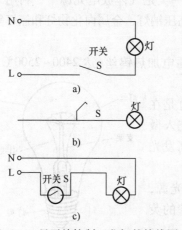

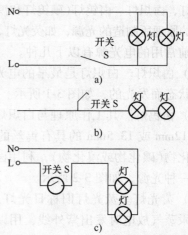

图3-4　一只开关控制一盏灯的接线图　　　　　图3-5　一只开关控制多盏灯的接线图
a）原理图　b）平面安装接线图　c）实际接线图　　　a）原理图　b）平面安装接线图　c）实际接线图

注意：开关必须接在相线上，零线不进开关；一只开关控制多盏灯时，几盏灯是并联接线，而不是串联接线。

（2）两只双控开关控制一盏灯。这种接线通常用于楼梯、过道等处，如图3-6所示。

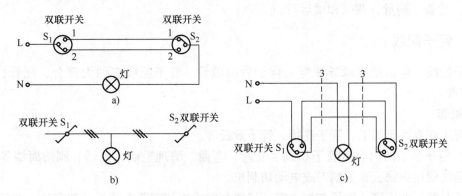

图 3-6　两只双控开关控制一盏灯的接线

a）原理图　b）平面图　c）实际接线图

（3）荧光灯工作电路。荧光灯接线如图3-7所示。

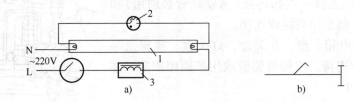

图 3-7　荧光灯接线

1—灯管　2—辉光启动器　3—镇流器

3.2　室内配电线

3.2.1　线路敷设方式

1. 室内配线方式

室内配线的敷设有明敷和暗敷两种。明敷，就是将绝缘导线直接（或穿于管子、线槽等保护体内）敷设于墙壁等处；暗敷，就是将导线穿于管子、线槽等保护体内，敷设于墙壁、地坪及楼板等内部。

常用配线方法有管子配线、线槽配线、塑料护套线配线、钢索配线等。

2. 室内配线的施工工序

（1）首先根据图样确定电源引入配电箱、盘和灯具等的位置。

（2）画出管路走向的中心线和管路交叉位置。

（3）进行配管工作。

（4）暗配线在土建施工过程中，预留孔洞，下好所有的预埋件。

（5）土建抹灰前，在所有的固定点上打好眼孔。

（6）装设绝缘支撑物、线夹或明配线用的穿线器。

（7）敷设导线。

（8）连接导线和电器设备。

（9）检查、测量、调试和试运行。

3.2.2　管子配线

管子配线，就是把绝缘导线穿入保护管内敷设。管子配线有两大部分，配管（管子敷设）和穿线。

1. 配管

配管工作有管子加工、管子连接、管子敷设等。

（1）管子加工的内容有管子切割、套丝、弯曲、清理毛刺、除锈、刷防腐漆等。管子的切割通常使用钢锯、管子割刀或电动切割机。

管子与管子的连接，管子与配电箱、接线盒的连接都需要在管子端部套丝。套丝多采用管子绞板或电动套丝机。管子绞板套丝如图 3-8 所示。

（2）管子的连接有以下几种方式：

1）钢管之间的连接有丝扣连接（薄壁钢管必须用）和加套管连接两种，禁止用对接焊连接。

2）钢管与配电箱、盘、开关盒、灯头盒、插座盒等的连线必须用套丝连接，用锁母锁紧或用护圈帽固定，并应露出丝扣 2~4 扣。

3）钢管与电动机等振动设备的连接用软管连接。在室外或潮湿房屋内要采用防湿软管连接或在管口处装设防水弯头进行连接。

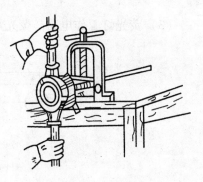

图 3-8　管子绞板套丝示意图

（3）管子的敷设分为明管敷设和暗管敷设。

1）明钢管敷设时，应注意如下事项：

① 必须用线锤、灰线包划出管路走向的中心线和管路交叉位置。

② 在建筑物上安装支撑明配管的支架、吊架或其他的支撑物，如图 3-9 所示。

③ 将管子固定在支架、吊架或其他支撑物上，但不允许将管子焊在支架或其他设备上。

④ 电气管路应敷设在热水管和蒸气管的下面，相互间距分别为 0.2m 和 0.5m。

⑤ 两接线盒（箱）之间，不应有四个及以上的直角弯，否则要加装拉线盒。

⑥ 竖直敷设的管子，应在间隔 10~20m 处增加一个固定穿线的接线盒（拉线盒）。

2）暗管敷设必须与土建施工密切配合，步骤如下：

① 根据图样确定暗管敷设位置。

② 按其长度和弯度配制钢管，包括弯、锯、套丝等。

③ 暗管敷设在现浇的混凝土楼板里，必须在支好楼板、尚未绑扎钢筋时，将钢管、盒等按确定的位置固定在模板上，在管和模板之间加垫块，垫高 15mm 以上。

④ 钢管之间和管盒之间的连接处，须焊跨接地线。

⑤ 管内须穿铅丝，管口须堵上木塞、废纸或盒内填满硬质泡沫、废纸、木屑，防止进入水泥砂浆、杂物。

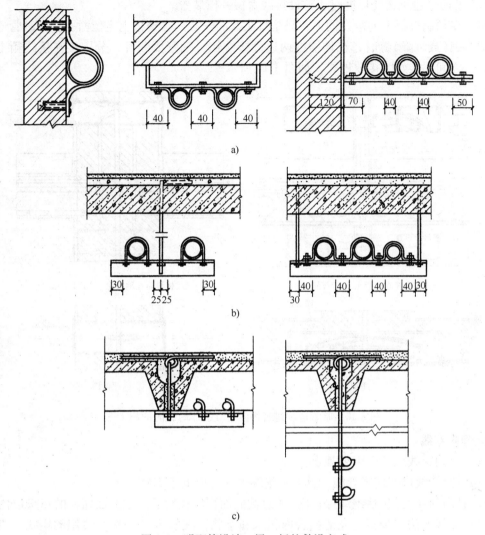

图 3-9　明配管沿墙、梁、板的敷设方式

a）沿墙的支架　b）沿现浇楼板的吊架　c）沿预制楼板的吊架

⑥ 暗管敷设时应注意：不能穿越混凝土基础，否则应改为明管敷设，并以金属软管等做补偿装置；暗管敷设在楼板内的位置应尽量与主筋平行，并且不使其受损，如重叠时，暗管应在钢筋上面或在上、下两层钢筋之间；现浇楼板厚度为 80mm 时，管外径不应超过 40mm，楼板厚为 120mm 时，管外径不应超过 50mm，否则应改为明管敷设或将管敷设在垫层内，但这时在灯头盒位置要预埋木砖，以便混凝土凝固后可取出木砖配管安装灯头盒。

⑦ 配管时还应注意根据管路的长度、弯头的多少等实际情况在管路中间适当设置接线盒或拉线盒。其设置原则为：安装电器的部位应设置接线盒；线路分支处或导线规格改变处应设置接线盒。水平敷设管路遇下列情况之一时，中间应增设接线盒或拉线盒，且接线盒或拉线盒的位置应便于穿线：管子长度每超过 30m，无弯曲；管子长度每超过 20m，有一个弯曲。管子长度每超过 15m，有两个弯曲；管子长度每超过 8m，有三个弯曲。垂直敷设的管路遇下列情况之一时，应增设固定导线用的拉线盒：导线截面为 50mm² 及以下，长度超过

18m；管子通过建筑物变形缝时应拉设接线盒做补偿装置。

　　暗管在预制楼板上的敷设同上，只是灯头盒的安装需在楼板上定位凿孔。如暗管通过建筑物的伸缩（或沉降）缝时，在伸缩缝两边设接线箱，钢管要断开，分别接在接线箱上，并且在两管之间焊接好跨接软地线，如图 3-10 所示。

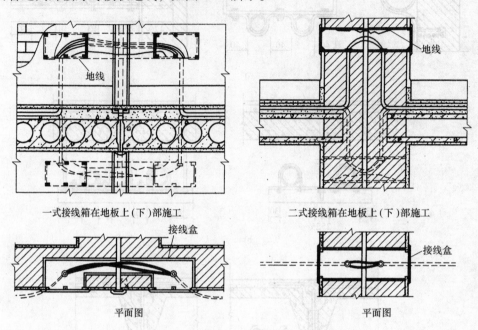

　　　　　一式接线箱在地板上（下）部施工　　　　　　　　　二式接线箱在地板上（下）部施工

　　　　　　　　　平面图　　　　　　　　　　　　　　　　　　　　平面图

图 3-10　暗管通过建筑物伸缩（或沉降）缝时的施工图

2. 管内穿线

（1）管内穿线应符合下列规定：

1）对穿管敷设的绝缘导线，其额定绝缘电压不应低于 500V。

2）管内的导线（包括绝缘层在内）的总截面面积应在管子内空截面面积的 40%以内。

（2）穿线方法与步骤。先清扫管内积水和杂物，在管内穿一根引线用的钢线。当一根引线端头超过另一根引线端头时，用手旋转较短的一根，使两根引线绞在一起，然后把长的一根引线拉出，再将引线的一头与需要穿的导线结扎在一起。然后由两人共同操作，一人拉引线，一人整理导线并往管中送，直到拉出导线。

3.2.3　金属线槽配线

1. 墙及吊顶上的金属线槽配线

　　金属线槽由钢板制成，其厚度为 0.4～1.5mm，一般适用于正常环境（干燥、不易受机械损伤）的室内场所明敷，如图 3-11、图 3-12 所示。

　　金属线槽的转角、分支以及盒（箱）连接时应采用相应的弯头、二通、三通等专用附件。金属线槽在穿过墙壁或楼板处不得进行连接，穿过建筑物变形缝处应装设补偿装置。

2. 地面内暗装金属线槽配线

　　地面内暗装金属线槽配线，电线或电缆穿在壁厚为 2mm 的封闭式矩形金属线槽内，敷设在混凝土地面、现浇钢筋混凝土楼板内。其组合安装如图 3-13 所示。

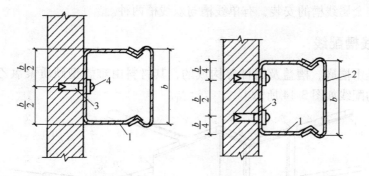

图 3-11　金属线槽在墙上安装

1—金属线槽　2—槽盖　3—塑料胀管　4—φ8mm×35mm 半圆头木螺钉

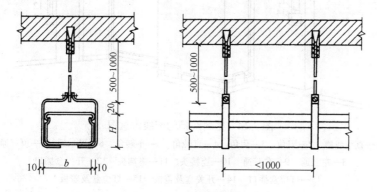

图 3-12　金属线槽用吊架安装

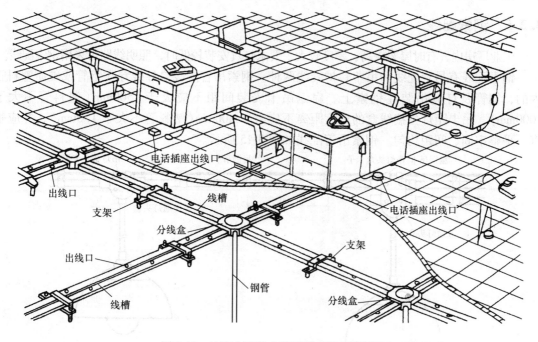

图 3-13　地面内暗装金属线槽组装示意图

地面内暗装金属线槽的安装,有单线槽与双线槽两种。

3.2.4　塑料线槽配线

塑料线槽是由槽底、槽盖及附件等构成的,其材料由难燃型硬质聚氯乙烯工程塑料制成。塑料线槽的配线如图 3-14 所示。

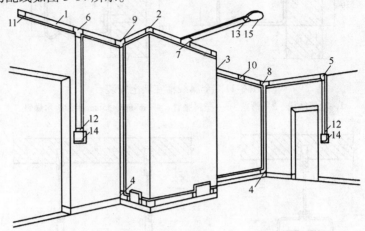

图 3-14　塑料线槽的配线示意图

1—直线线槽　2—阳角　3—阴角　4—直转角　5—平转角　6—平三通　7—顶三通
8—左三通　9—右三通　10—连接头　11—终端头　12—开关盒插口
13—灯位盒插口　14—开关盒及盖板　15—灯位盒及盖板

塑料护套线的接头,能放在开关、灯头或插座处最好,否则应加装接线盒。

3.2.5　钢索配线

工业厂房内,有时屋架较高、跨度较大、要求灯具安装较低时,照明线路可采用钢索配线。

钢索配线有吊管配线和吊塑料护套线两种。钢索吊管配线是导线穿在钢管或硬质塑料管内的,钢管及灯具吊装在钢索上。扁钢吊卡安装间距不应大于 1500mm(塑料管不大于 1000mm),吊卡距灯位接线盒的最大距离不应大于 200mm(塑料管不大于 150mm),并应垂直、平整牢固、间距均匀。钢索吊管配线如图 3-15 所示。

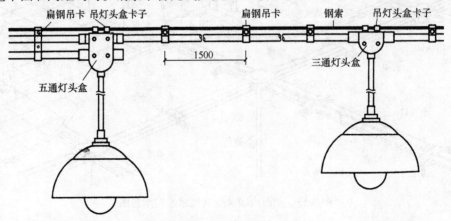

图 3-15　钢索吊管配线示意图

钢索吊塑料护套线配线是采用铝皮线卡将塑料护套线卡在钢索上，照明灯具用塑料接线盒和接线盒固定钢板吊装在钢索上，如图 3-16 所示。

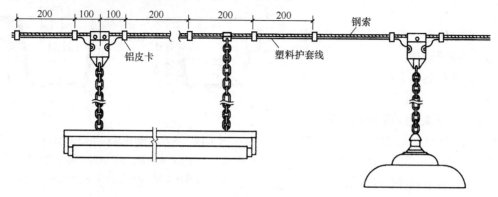

图 3-16　钢索吊塑料护套线配线示意图

3.3　电缆线路

电缆是一种特殊的导线，种类繁多。电力电缆既可用于室外配电线路，也可用作室内配电线路。电缆线路施工包括电缆敷设、电缆终端及接头的制作和电缆试验三大内容。

3.3.1　电缆的构造、分类及选用

电缆按用途分为电力电缆和控制电缆两大类。油浸绝缘、铝包、钢带铠装电力电缆的构造如图 3-17 所示。

电力电缆有多种类型，主要按使用的绝缘材料、封包结构、电压、芯数及内外护层材料的不同分类。为了区分电力电缆，常标以型号。

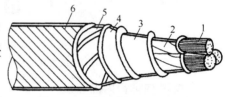

图 3-17　油浸绝缘、铝包、钢带
铠装电力电缆的构造
1—线芯　2—纸包绝缘层　3—铝包护层
4—塑料护套　5—钢带铠装　6—沥青麻护层

电力电缆线芯的芯数有单芯、双芯、三芯和四芯等。中芯电力电缆多用于三相四线制系统中，其中中性线芯截面面积仅为一根主线芯的 40%～60%，主要用来通过不平衡电流。

3.3.2　电缆的敷设

电缆敷设的方法有直埋敷设、排管内敷设、电缆沟内或隧道内敷设，以及室内外的明敷设等。

1. 电缆的直埋敷设

根据放线的线路挖好沟道，把电缆埋在里面，这种敷设方法就是电缆直埋敷设。

（1）电缆直埋敷设应符合以下要求：

1）电缆的埋置深度，一般不应小于 0.7m。

2）电缆直埋敷设时，电缆与其他管道、道路、建筑物等之间平行和交叉时应留有一定距离，严禁将电缆平行敷设于管道的上面或下面。

（2）电缆直埋敷设分为以下几个步骤：

1）先根据图样设计的电缆线路开挖试探样洞，目的是了解土壤和地下管线的情况，从

而最后决定电缆的走向。

2）电缆实际走向确定后，画出开挖的范围。

3）穿越道路、铁路等的地方要敷设过路导道或保护管等。

4）电缆在垫层上的做法如图3-18、图3-19所示。直埋电缆的引出端、中间接头、终端、直线段每隔100m处和走向有变化的处所，应设方位标志或标桩，注明线路编号、电压等级、电缆型号、截面、起止地点、线路长度等内容。

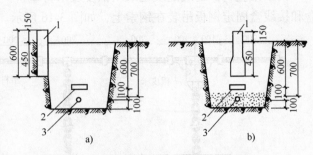

图 3-18　直埋电缆及其标志牌的装设
a）埋设于送电方向右侧　b）埋设于电缆沟中心
1—电缆标志牌　2—保护板　3—电缆

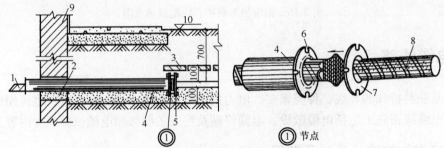

图 3-19　直埋电缆引入建筑物内的做法
1—电缆　2—防水砂浆　3—保护板　4—穿墙钢管　5—螺栓
6、7—法兰盘　8—油浸黄麻绳　9—建筑物外墙　10—室外地坪

2. 电缆在排管内的敷设

用来敷设电缆的排管是预制的、电缆穿入拼接的管块，每个管块如图3-20所示。敷设程序如下：

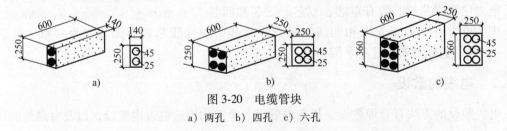

图 3-20　电缆管块
a）两孔　b）四孔　c）六孔

（1）先挖沟槽，在沟底做素土垫层，再辅以1∶3水泥砂浆的垫层。

（2）将排管管块放到沟底，排列整齐，管孔对正，接口处缠上线条或塑料胶粘布，再用1∶3水泥砂浆封实。承重地段排管外侧须用C10混凝土做800mm厚的保护层，如图3-21所示。

整个排管对电缆入孔井方向有一个不小于1%的坡度，以防管内积水。

3. 电缆在电缆沟内的敷设

将电缆敷设在电缆沟内常用于电缆根数较多的情况，如发电厂和变配电所（室）等处。电缆沟由砖或混凝土砌筑而成，如图3-22所示。

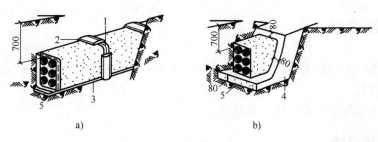

图 3-21　电缆管块敷设图

a) 普通型　b) 加强型

1—纸条或塑料胶粘布　2—1：3 水泥砂浆抱箍　3—1：3 水泥砂浆垫层

4—C10 混凝土保护层　5—素土夯实

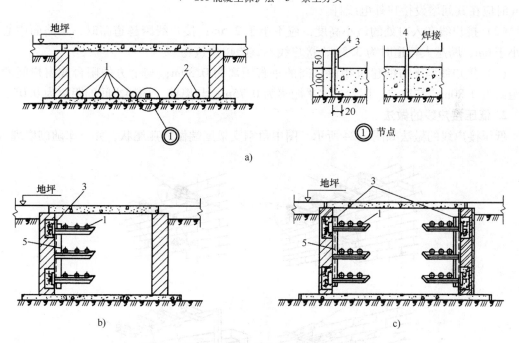

图 3-22　室内电缆沟

a) 无支架　b) 单侧支架　c) 双侧支架

1—电力电缆　2—控制电缆　3—接地线　4—接地线支持件　5—支架

4. 电缆桥架敷设电缆

电缆桥架敷设电缆，常用在电缆数量较多或较集中的室内外及电气竖井内等场所，可用来敷设动力电缆、照明电缆及控制电缆。图 3-23 即为无孔槽形电缆桥架组合示意图。

严禁在雾天或雨天敷设电缆。

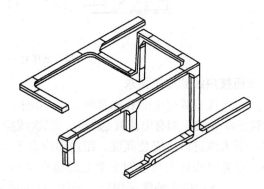

图 3-23　无孔槽形电缆桥架组合示意图

3.4　架空接户线

架空接户线(引入线)是指架空线经室外电线杆上引到建筑物第一支持点的这一段架空导线及其附属设施。

接户线按电压等级又有高压、低压之分。

3.4.1　低压接户线

1. 一般要求

(1) 室外电线杆上引出点到建筑物第一支持点之间的距离(即挡距)应小于 25m,超过 25m 时应在其间增设接户外电线杆。

(2) 接户线在入口处的最小高度,应不小于 2.5m;接户线跨越道路时,至路面中心应不小于 6m;跨越人行道时为 3.5m;接户线不宜跨越建筑物。

(3) 接户线与下方的建筑物窗户间的垂直距离为 0.30m;与上方的阳台或窗户间的垂直距离为 0.80m;与窗户、阳台的水平距离为 0.75m;与墙壁、构架之间的距离为 0.05m。

2. 低压接户线的做法

低压接户线的做法如图 3-24 所示。图中角钢支架尾端做成燕尾状,并一律随砌墙埋入。

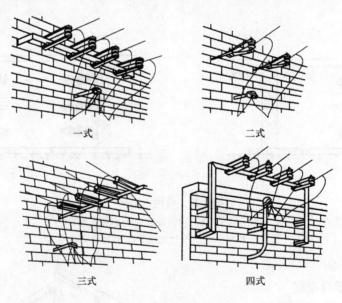

一式　　　　　　　　　　二式

三式　　　　　　　　　　四式

图 3-24　低压接户线的做法

3. 低压接户线的施工要求

(1) 引入线直接与电能表相接时,由"横担"起至配电盘间的一段导线,均须用 500V 铜芯橡胶绝缘导线;如有电流互感器时,二次线应为铜钱。

(2) 引入线进口点安装高度,距地面应大于 2.7m。

(3) 室外电线杆上和角钢支架上的接户线均应牢固地绑扎在绝缘子上。导线为 $10mm^2$ 及以上时,应选用蝶式绝缘子固定;导线为 $6mm^2$ 及以下时,应选用针式绝缘子固定。

（4）引入线穿墙必须有穿墙套管保护。保护套管伸出户外的一端应做防水弯头，并且要安装成内高外低状，以防雨水流入；钢保护套管及其他铁件安装前均应做防锈处理，即镀锌或涂漆。钢管壁厚不小于 2.5mm；如果使用硬塑料管，则壁厚不小于 2.0mm。

（5）接零系统中，中性线在进户处应做好重复接地。

3.4.2　高压接户线

（1）引入线导线的截面积应符合下列数值：铜绞线不应小于 $16mm^2$；铝绞线不应小于 $25mm^2$。

（2）接户线的线间距离不应小于 0.45m。

（3）接户线挡距应在 25m 以内，且导线不允许有接头。

（4）接户线入口处（即穿墙套管的中心），高度不应小于 4m。

第 4 章 防雷接地工程

4.1 接闪器

接闪器的作用是用来接收雷电流的。其形式有避雷针、避雷带、避雷网以及兼作接闪的金属屋面和金属构件(如金属烟囱、风管等)等。

1. 避雷针

避雷针是安装在建筑物上的针形导体。其作用是将雷云的放电通路吸引到避雷针本身,由它及与它相连的引下线和接地体将雷电流安全导入地下,确保建筑物免受雷击,如图 4-1 所示。

2. 避雷带和避雷网

避雷带是用圆钢或扁钢制成的,装于建筑物顶部或突出的部位,如屋脊、屋檐、屋角、女儿墙和山墙等的条形长带,如图 4-2 所示。避雷网是纵横交错的避雷带叠加在一起,形成多个网孔,是接近全部保护的方法,用于重要的建筑物,如图 4-3 所示。

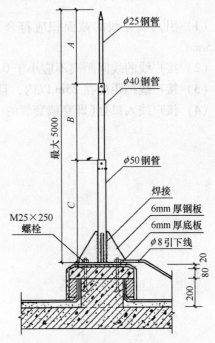

图 4-1 屋面上的避雷针

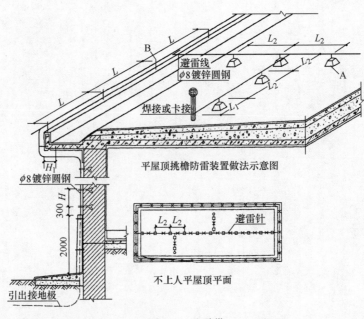

图 4-2 避雷带

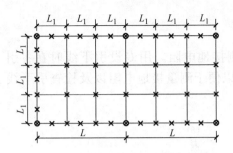

图 4-3　现浇混凝土屋面板的避雷网示意图

4.2　引下线

引下线的作用是把雷电流引到接地装置。一般采用圆钢或扁钢，宜优先采用圆钢。

1. 引下线的设置

引下线沿建筑物外墙敷设，并经最短路线接地，有明敷与暗敷两种形式，现在的房屋多采用暗敷，但截面应加大一级，如图 4-4 所示。

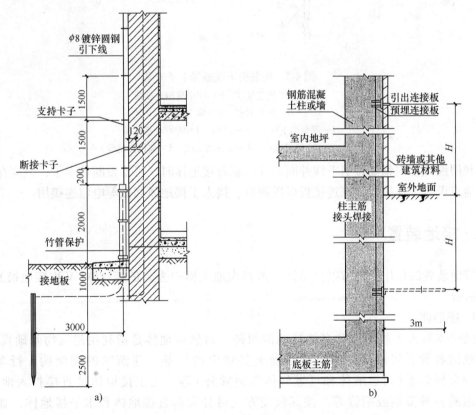

图 4-4　引下线
a）引下线明敷　b）引下线暗敷

引下线可利用建筑物的金属构件（如消防梯等）、混凝土柱内钢筋、烟囱的金属爬梯、钢柱等，但其所有部件之间均应连成电气通路。

2. 断接卡子

断接卡子主要用来检测接地电阻。用专设引下线时在各引下线上于距地面 0.3m 至 1.8m 之间设置断接卡子，以便于测量接地电阻以及检查引下线、接地线的连接状况，如图 4-5 所示。

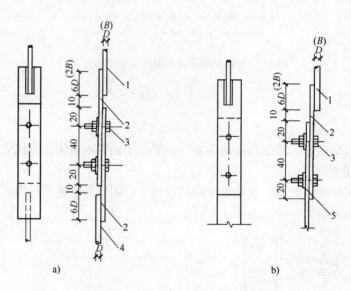

图 4-5　明装引下线断接卡子安装
a）用于圆钢连接线　b）用于扁钢连接线
D—圆钢直径　B—扁钢宽度
1—圆钢引下线　2—−25×4，L=90×6D 连接板
3—M8×30 镀锌螺栓　4—圆钢接地线　5—扁钢接地线

利用混凝土内钢筋做引下线并同时采用基础接地体时，可不设断接卡子，但应在室外的适当地点设若干连接板，该连接板可供测量、接人工接地体和做等电位连接用。

4.3　接地装置

接地装置的作用是把雷电流迅速疏散到大地土壤中去，是接地体(又称接地极)和接地线的总合。

1. 接地体

接地体有人工接地体和自然接地体两种。自然接地体是指利用建筑物基础直接与大地接触的各种金属构件，如钢筋混凝土基础中的钢筋、建筑物的钢结构、行车钢轨、埋地的金属管道(可燃液体和可燃气体管道除外)等。人工接地体是直接打入地下专做接地用的各种型钢或钢管等。按其敷设方式可分为垂直接地体和水平接地体，如图 4-6 所示。

2. 接地线

接地线是从引下线断接卡子或换线处至接地体的连接导体。

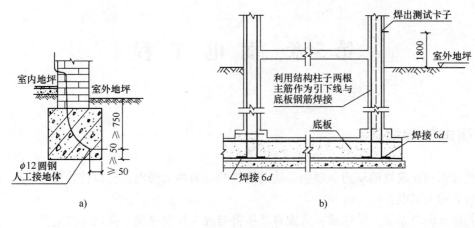

图 4-6　接地体

a）人工接地体　b）自然接地体

第5章 弱 电 工 程

5.1 弱电工程概述

一般习惯把建筑物的动力、照明等输送能量的电力称为强电；把以传输信号、进行信息交换的电力称为弱电。

目前建筑弱电系统主要包括：火灾自动报警与灭火控制系统、共用天线电视系统、电话通信系统、广播音响系统、安全防范系统、建筑物自动化系统(BA)、结构化布线系统等。

5.2 火灾自动报警系统

火灾自动报警系统由火灾探测器、区域报警控制器、集中报警控制器、电源、导线等组成。集中报警系统组成如图 5-1 所示。

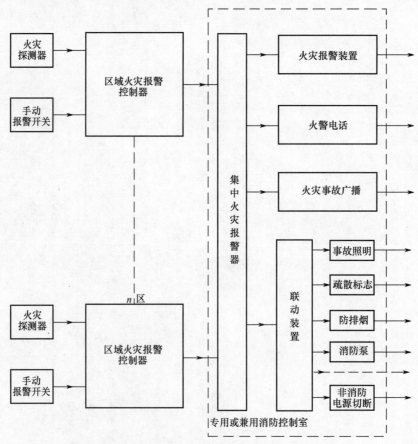

图 5-1 集中报警系统组成

5.2.1　火灾自动报警系统组成

1. 火灾探测器

火灾探测器是在火灾发生时，自动产生火灾报警信号的器件，如图 5-2 所示。常见的有四种：感烟式探测器、感温式探测器、感光式探测器、可燃气体探测器。

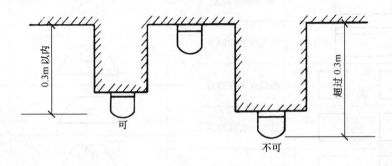

图 5-2　火灾探测器在梁上安装示意图

2. 火灾报警控制器

火灾报警控制器是用来接收火灾探测器发出的火警电信号，并将此火警信号转换为声、光报警信号，同时显示其着火部位或报警区域，以告诉人们尽早采取灭火措施，如图 5-3 所示。

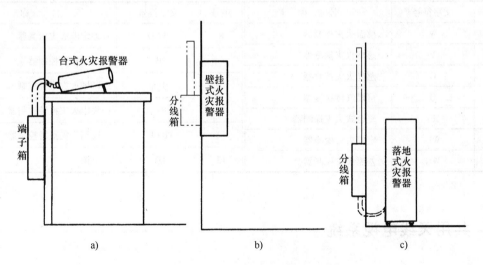

图 5-3　火灾报警控制器安装示意图
a）台式　b）壁挂式明装　c）落地式

5.2.2　火灾自动报警系统工程图常用图形符号

火灾自动报警系统工程图选用国家标准（GB/T 4728.1—2005、GB/T 4327—2008）和专业部门颁布标准所规定的图形符号和附加文字符号，分别见表 5-1 和表 5-2。

表5-1　火灾自动报警设备常用图形符号

序号	图形符号	名　称	序号	图形符号	名　称
1		消防控制中心	8		手动报警器
2		火灾报警装置	9		火警电话机
3	B	火灾报警控制器	10		火灾警铃
4	或 W	感温火灾探测器	11		火灾警报发声器
5	或 Y	感烟火灾探测器	12		火灾警报扬声器
6	或 G	感光火灾探测器	13		火灾光信号装置
7	或 Q	可燃气体探测器			

表5-2　火灾自动报警设备常用附加文字符号

序号	文字符号	名　称	序号	文字符号	名　称
1	W	感温火灾探测器	8	WCD	差定温火灾探测器
2	Y	感烟火灾探测器	9	B	火灾报警控制器
3	G	感光火灾探测器	10	B-Q	区域火灾报警控制器
4	Q	可燃气体探测器	11	B-J	集中火灾报警控制器
5	F	复合式火灾探测器	12	B-T	通用火灾报警控制器
6	WD	定温火灾探测器	13	DY	电源
7	WC	差温火灾探测器			

5.3　共用天线电视系统

5.3.1　系统组成

共用天线电视系统是由接收天线、前端设备、传输分配网络以及用户终端组成的。有线电视主要组成如图5-4所示。

1. 接收天线

接收天线用来接收地面无线电视信号、调频广播信号、微波传输电视信号和卫星电视信号。常用的有引向天线和抛物面天线两种。

（1）引向天线为最常用的天线，它由一个辐射器（即有源振子或称馈电振子）和多个无

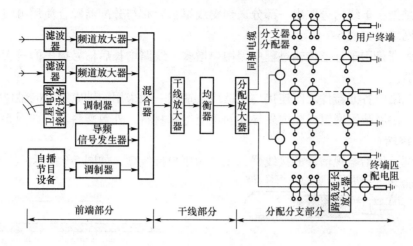

图 5-4　有线电视主要组成

源振子组成，所有振子互相平行并在同一平面上，如图 5-5 所示。

（2）抛物面天线用来接收卫星电视广播信号，现在也有一些家庭使用小型抛物面天线。它一般由反射面、背架及馈源与支撑件三部分组成，如图 5-6 所示。

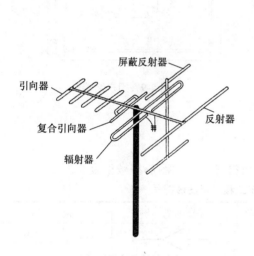

图 5-5　引向天线的结构

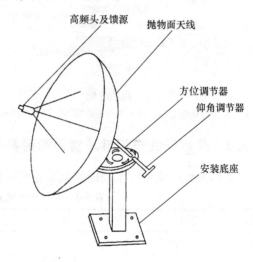

图 5-6　抛物面天线的结构

2. 前端设备

前端设备主要包括天线放大器、混合器、干线放大器等。

3. 传输分配网络

传输分配网络分为有源和无源两种。无源分配网络有分配器、分支器和传输电缆等无源器件，连接的用户较少。有源分配网络增加了线路放大器，所接的用户数可以增多。

分配器用于分配信号，将一路信号等分成若干路，有二分配器、三分配器、四分配器，如图 5-7 所示。

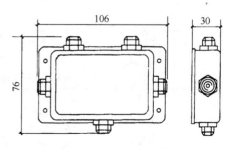

图 5-7　分配器、分支器外形

分支器是把主干线信号取出一部分送到支线里去，它与分配器配合使用可组成各种各样的传输分配网络，如图5-7所示。

线路放大器是用于补偿传输过程中因用户增多、线路增长后信号损失的放大器，多采用全频道放大器。

在分配网络中各元器件之间连接均用馈线，馈线一般采用同轴电缆。同轴电缆由一根导线作芯线和外层屏蔽铜网组成，内外导体间填充绝缘材料，外包塑料套，如图5-8所示。

4. 用户终端

用户终端是供给电视信号的接线器，又称为用户接线盒，如图5-9所示。

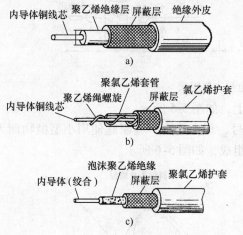

图 5-8　同轴电缆

a) SYV 型同轴电缆　b) SDV 型同轴电缆　c) SYHV 型同轴电缆

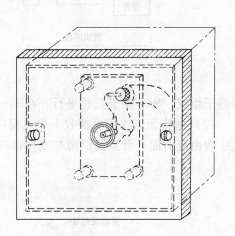

图 5-9　用户终端

5.3.2　共用天线电视系统常用图形符号

共用天线电视系统工程图绘制采用规定的图形符号。常用图形符号见表5-3。

表 5-3　共用天线电视系统工程常用图形符号

类别	图形符号	说　明	类别	图形符号	说　明
天线		天线一般符号	放大器		放大器一般符号
					带反馈通道的放大器
		带馈线的抛物面天线			带自动增益和/或自动斜率控制的放大器
前端		带本地天线的前端（示出一路天线；支线可在圆上任意点画出）			桥式放大器（示出三条支路或激励输出；圆点表示较高电平的输出；支路或激励输出线可以在符号斜边任一角度引出）
		无本地天线引入的前端（示出一路干线输入，一路干线输出）			主干桥式放大器（示出三条馈线支路）

（续）

类别	图形符号	说　明	类别	图形符号	说　明
放大器		线路（支线或分支线）末端放大器（示出两路分支输出）	均衡器和衰减器		固定均衡器
		干线分配放大器（示出两路干线输出）			可变均衡器
混合器或分路器		混合器（示出五路输入）		A	固定衰减器
		分路器（示出五路输出）		A	可变衰减器
分配器		分配器一般符号	调制器、解调器、频道变换器和导频信号发生器		调制器、解调器一般符号
		具有一路较高电平输出的三分配器		V S ≈≈	电视调制器
		四分配器		≈≈ V S	电视解调器
		定向耦合器		n_1 n_2	频道变换器（n_1为输入频道，n_2为输出频道；n_1和n_2可以用具体频道数字代替）
用户分支器与系统输出口		用户一分支路（圆内的线可用代号代替；当不会引起混淆时，用户线可省去不画）		G ≈ *	正弦信号发生器（*可用具体频率值代替）
		用户二分支器	匹配用终端		终端负载
		用户四分支器	滤波器和陷波器	≈	高通滤波器
		系统出线端		≈	低通滤波器
		串接式系统输出口		≈≈	带通滤波器
				≈≈	带阻滤波器
				N	陷波器

（续）

类别	图 形 符 号	说　　明	类别	图 形 符 号	说　　明
供电装置		线路供电器（示出交流型）	供电装置		电源插入器
		供电阻断器（示在一条分配馈线上）			

5.4　电话通信系统

电话通信系统有三个组成部分，即电话交换设备、传输系统和用户终端设备。数字程控电话可借助数字通信网络进行计算机联网。

（1）数字式程控交换机的全称为存储程序控制脉码调制（PCM）时分多路（DTM）全电子数字式电话交换机，简称程控交换机。

（2）电话机是由送话器、受话器、拨号盘、感应线圈和叉簧等主要元器件连接在一起组成的。

（3）电话通信系统工程图常用图形符号见表 5-4。

表 5-4　电话通信系统工程图常用图形符号

CD　建筑群配线架	HUB　集线器	架空交接箱　A：编号　B：容量	电信插座一般符号
BD　主配线架	LIU　光缆配线设备	落地交接箱　A：编号　B：容量	电话出线盒
FD　楼层配线架	TO　信息插座	壁龛交接箱　A：编号　B：容量	电话机一般符号
PBX　程控交换机	综合布线接口	墙挂交接箱　A：编号　B：容量	传真机一般符号

第 6 章全部内容见全书后插页。

下篇　建筑电气工程工程量清单计价

第7章　建筑电气工程工程量清单

7.1　工程量清单内容组成

工程量清单的主要内容有分部分项工程量清单、措施项目清单、其他项目清单等。

（1）分部分项工程量清单为招标方提供的不可调整的闭口清单。投标方对清单的内容不允许做更改。投标人如果认为清单编制有不妥或遗漏，可通过质疑的方式由清单编制方做统一的修改更正，并将修正后的工程量清单发往所有投标人。

（2）措施项目清单为可调整清单。投标方对清单中所列项目可进行修改。清单一经报出，即被认为是包括了所有应该发生的措施项目的全部费用。如果报出的清单中投标方没有列出，且施工中又必须发生的项目，业主有权认为，其已经综合在分部分项工程量清单的综合单价中。将来措施项目发生时，投标人不得以任何借口提出索赔与调整。

（3）其他项目清单由招标方和投标方两部分组成。招标方填写的内容随招标文件发至投标方(或标底编制人)，其项目、数量、金额等投标人或标底编制人不得随意改动。由投标人填写部分的零星工作项目表中，招标人填写的项目与数量，投标人不得随意更改，且必须进行报价。如果不报价，招标人有权认为投标人就未报价内容无偿为自己服务。当投标人认为招标人列项不全时，投标人可自行增加列项并确定本项目的工程数量及计价。

7.2　工程量清单的编制

工程量清单格式包括：封面、总说明、分部分项工程量清单、措施项目清单、其他项目清单、零星工作项目表及主要材料价格表。

7.2.1　封面

封面由招标人填写、签字、盖章，见表7-1。

表 7-1　封面

＿＿＿＿＿工程

工程量清单

招　标　人：　<u>××厅</u>　　　　　咨询人：<u>工程造价　××工程造价咨询企业
资质专用章</u>

（单位盖章）　　　　　　　　　（单位资质专用章）

法定代表人　　<u>××厅</u>　　　　　法定代表人　　<u>××工程造价咨询企业</u>

或其授权人：　<u>法定代表人</u>　　　或其授权人：　<u>法定代表人</u>

（签字或盖章）　　　　　　　　（签字或盖章）

编　制　人：　<u>××签字</u>　　　　　复　核　人：　<u>××签字</u>

（造价员签字盖专用章）　　　　（造价工程师签字盖专用章）

编制时间：　×年×月×日　　　　复核时间：　×年×月×日

7.2.2　总说明

总说明包括以下内容：

（1）工程概况。

（2）工程招标和分包范围。

（3）工程量清单编制依据。

（4）工程质量、材料、施工等的特殊要求。

（5）招标人自行采购材料的名称、规格型号、数量等。

（6）其他项目清单中招标人部分（包括预留金、材料购置费等）的金额数量。

（7）其他需说明的问题。

（8）分部分项工程量清单的编制依据如下：

1）《建设工程工程量清单计价规范》（GB 50500—2013）。

2）招标文件。

3）设计文件。

4）有关的工程施工规范与工程验收规范。

5）拟采用的施工组织设计和施工技术方案。

7.2.3　分部分项工程量清单表

分部分项工程量清单表格形式见表 7-2。

表 7-2　分部分项工程量清单

工程名称：　　　　　　　　　　　　　　　　　　　　　　　　　　　　第　页　共　页

序　　号	项 目 编 码	项 目 名 称	计 量 单 位	工 程 数 量

1. 项目编码

项目编码共有十二位，前九位应按相关工程量计算规范的规定设置；十至十二位应根据拟建工程的工程量清单项目名称由其编制人设置，并应自 001 起按顺序编制。

项目编码以五级编码设置，结构如图 7-1 所示（以安装工程为例）。

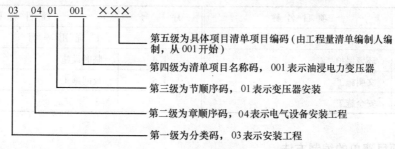

图 7-1　工程量清单项目编码结构

2. 项目名称

规范规定，"项目名称应按附录 A、附录 B、附录 C、附录 D、附录 E 的项目名称与项目特征并结合拟建工程的实际确定。"

项目名称如有缺项，招标方可进行补充，并报当地工程造价管理部门备案。

3. 计量单位

分部分项工程量清单的计量单位应按规范附录规定的计量单位确定。

常用计量单位包括：

（1）以质量计算的项目——t 或 kg。

（2）以体积计算的项目——m³。

（3）以面积计算的项目——m²。

（4）以长度计算的项目——m。

（5）以自然计量单位计算的项目——个、套、块、樘、组、台等。

（6）没有具体数量的项目——系统、项。

各专业有特殊计量单位的，再另外加以说明。

4. 工程数量

工程数量应按规范中规定的工程量计算规则计算。

除另有说明外，所有清单项目的工程量应以实体工程量为准，并以完成后的净值计算；投标人投标报价时，应在单价中考虑施工中的各种损耗的工程量。

7.2.4　措施项目清单

措施项目清单的内容是指发生在施工过程中技术、生活、安全等方面的非工程实体项目。

1. 措施项目清单的编制依据

（1）拟建工程的施工组织设计。

（2）拟建工程的施工技术方案。

（3）与拟建工程相关的工程施工规范与工程验收规范。

（4）招标文件。

（5）设计文件。

2. 措施项目清单的编制内容

分部分项工程量清单中没有写进去的项目，可以在措施项目清单中写出，参照表7-3中的列项。

表7-3　措施项目一览

序　号	项 目 名 称	序　号	项 目 名 称
1　通 用 项 目		1　通 用 项 目	
1.1	环境保护	1.4	临时设施
1.2	文明施工	1.5	夜间施工
1.3	安全施工	⋮	⋮

3. 措施项目清单的编制方法

（1）按规范拟定措施项目清单。措施项目清单的内容还涉及水文、气象、环境、安全等以及施工企业的实际情况。规范提供"措施项目一览表"作为列项的参考。表中"通用项目"所列内容是指各专业工程的"措施项目清单"中均可列的措施项目。措施项目清单以"项"为计量单位，相应数量为"1"。

（2）按技术文件拟定措施项目清单。措施项目内容太多，"措施项目一览表"中不能全部列出。表中未列出的措施项目，工程量清单编制人可做补充。补充项目应列在清单项目最后，并在"序号"栏中以"补"字示之。

7.2.5　其他项目清单表

在招标投标过程中，某些不可预见发生费用的项目，称为其他项目清单。

1. 其他项目清单表形式

其他项目清单表格形式见表7-4。

表7-4　其他项目清单

工程名称：　　　　　　　　　　　　　　　　　　　　　　　第 页 共 页

序　号	项 目 名 称	序　号	项 目 名 称
1	招标人部分	2	投标人部分
1.1	预留金	2.1	总承包服务费
1.2	材料购置费	2.2	零星工作费
1.3	其他	2.3	其他

2. 其他项目清单的编制

（1）招标人部分，内容有预留金、材料购置费等。预留金是指招标人为可能发生的工程量变更而预留的金额。

（2）投标人部分，内容有总承包服务费、零星工作项目费等。总承包服务费是指为配合协调招标人进行的工程分包和材料采购所需的费用，零星工作项目费是指完成招标人提出的不能以实物计量的零星工作项目所需的费用。

（3）其他项目清单出现缺项时，清单编制人可做补充，补充项目应列在清单项目最后，并以"补"字在"序号"栏中示之。

7.2.6　零星工作(计时工)项目清单表

零星工作项目清单列出的是工程量暂估的零星工作项目。

1. 零星工作项目表

零星工作项目见表7-5。

表7-5　零星工作项目

工程名称：　　　　　　　　　　　　　　　　　　　　　　　第　页　共　页

序　号	名　称	计量单位	数　量	序　号	名　称	计量单位	数　量
1	人工			3	机械		
2	材料						

2. 零星工作项目清单的编制

零星工作项目表应根据拟建工程的具体情况，由招标方预测，按下列规定进行编制：

（1）名称即人工按工种名称列项，材料、机械按名称并结合规格、型号等特征进行列项。

（2）按基本计量单位编制。

（3）数量应按可能发生的数量暂估。

7.3　工程量清单计算规则

工程量清单的工程量计算按照国家规范《通用安装工程工程量清单计价规范》（GB 50856—2013）规定计算，现将规范中部分电气工程量清单项目及计算规则摘录如下。

（1）变压器安装。工程量清单项目设置及工程量计算规则，应按表7-6的规定执行。

表7-6　变压器安装(编码:030401)

项目编码	项目名称	项目特征	计量单位	工程量计算规则	工程内容
030401001	油浸电力变压器	1. 名称 2. 型号 3. 容量(kV·A) 4. 电压(kV) 5. 油过滤要求 6. 干燥要求 7. 基础型钢形式、规格	台	按设计图示数量计算	1. 本体安装 2. 基础型钢制作、安装 3. 油过滤 4. 干燥 5. 接地 6. 网门、保护门制作、安装 7. 补刷(喷)油漆

（续）

项 目 编 码	项 目 名 称	项 目 特 征	计量单位	工程量计算规则	工 程 内 容
030401002	干式变压器	8. 网门、保护门材质、规格 9. 温控箱型号、规格			1. 本体安装 2. 基础型钢制作、安装 3. 温控箱安装 4. 接地 5. 网门、保护门制作、安装 6. 补刷（喷）油漆
030401003	整流变压器	1. 名称 2. 型号 3. 容量（kV·A）			1. 本体安装 2. 基础型钢制作、安装 3. 油过滤 4. 干燥 5. 网门、保护门制作、安装 6. 补刷（喷）油漆
030401004	自耦变压器	4. 电压（kV） 5. 油过滤要求 6. 干燥要求 7. 基础型钢形式、规格			
030401005	有载调压变压器	8. 网门、保护门材质、规格	台	按设计图示数量计算	
030401006	电炉变压器	1. 名称 2. 型号 3. 容量（kV·A） 4. 电压（kV） 5. 基础型钢形式、规格 6. 网门、保护门材质、规格			1. 本体安装 2. 基础型钢制作、安装 3. 网门、保护门制作、安装 4. 补刷（喷）油漆
030401007	消弧线圈	1. 名称 2. 型号 3. 容量（kV·A） 4. 电压（kV） 5. 油过滤要求 6. 干燥要求 7. 基础型钢形式、规格			1. 本体安装 2. 基础型钢制作、安装 3. 油过滤 4. 干燥 5. 补刷（喷）油漆

注：变压器油如需试验、化验、色谱分析，应按《通用安装工程工程量计算规范》（GB 50586—2013）附录 N 措施项目相关项目编码列项。

（2）配电装置安装。工程量清单项目设置及工程量计算规则，应按表 7-7 的规定执行。

表 7-7　配电装置安装（编码：030402）

项 目 编 码	项 目 名 称	项 目 特 征	计量单位	工程量计算规则	工 程 内 容
030402001	油断路器	1. 名称 2. 型号 3. 容量（A） 4. 电压等级（kV） 5. 安装条件	台	按设计图示数量计算	1. 本体安装、调试 2. 基础型钢制作、安装 3. 油过滤 4. 补刷（喷）油漆 5. 接地

（续）

项 目 编 码	项目 名 称	项 目 特 征	计量单位	工程量计算规则	工 程 内 容
030402002	真空断路器	6. 操作机构名称及型号 7. 基础型钢规格 8. 接线材质、规格 9. 安装部位 10. 油过滤要求	台	按设计图示数量计算	1. 本体安装、调试 2. 基础型钢制作、安装 3. 补刷(喷)油漆 4. 接地
030402003	SF$_6$ 断路器				
030402004	空气断路器	1. 名称 2. 型号 3. 容量(A) 4. 电压等级(kV) 5. 安装条件 6. 操作机构名称及型号 7. 接线材质、规格 8. 安装部位			1. 本体安装、调试 2. 基础型钢制作、安装 3. 补刷(喷)油漆 4. 接地
030402005	真空接触器		组		1. 本体安装、调试 2. 补刷(喷)油漆 3. 接地
030402006	隔离开关				
030402007	负荷开关				
030402008	互感器	1. 名称 2. 型号 3. 规格 4. 类型 5. 油过滤要求	台		1. 本体安装、调试 2. 干燥 3. 油过滤 4. 接地
030402009	高压熔断器	1. 名称 2. 型号 3. 规格 4. 安装部位	组		1. 本体安装、调试 2. 接地
030402010	避雷器	1. 名称 2. 型号 3. 规格 4. 电压等级 5. 安装部位			1. 本体安装 2. 接地
030402011	干式电抗器	1. 名称 2. 型号 3. 规格 4. 质量 5. 安装部位 6. 干燥要求			1. 本体安装 2. 干燥

（续）

项目编码	项目名称	项目特征	计量单位	工程量计算规则	工程内容
030402012	油浸电抗器	1. 名称 2. 型号 3. 规格 4. 容量(kV·A) 5. 油过滤要求 6. 干燥要求	台		1. 本体安装 2. 油过滤 3. 干燥
030402013	移相及串联电容器	1. 名称 2. 型号 3. 规格 4. 质量 5. 安装部位	个		1. 本体安装 2. 接地
030402014	集合式并联电容器				
030402015	并联补偿电容器组架	1. 名称 2. 型号 3. 规格 4. 结构形式		按设计图示数量计算	
030402016	交流滤波装置组架	1. 名称 2. 型号 3. 规格			
030402017	高压成套配电柜	1. 名称 2. 型号 3. 规格 4. 母线配置方式 5. 种类 6. 基础型钢形式、规格	台		1. 本体安装 2. 基础型钢制作、安装 3. 补刷(喷)油漆 4. 接地
030402018	组合型成套箱式变电站	1. 名称 2. 型号 3. 容量(kV·A) 4. 电压(kV) 5. 组合形式 6. 基础规格、浇筑材质			1. 本体安装 2. 基础浇筑 3. 进箱母线安装 4. 补刷(喷)油漆 5. 接地

注：1. 空气断路器的储气罐及储气罐至断路器的管路应按《通用安装工程工程量计算规范》(GB 50586—2013)附录 H 工业管道工程相关项目编码列项。

　　2. 干式电抗器项目适用于混凝土电抗器、铁芯干式电抗器、空心干式电抗器等。

　　3. 设备安装未包括地脚螺栓、浇注(二次灌浆、抹面)，如需安装应按现行国家标准《房屋建筑与装饰工程工程量计算规范》(GB 50854—2013)相关项目编码列项。

（3）母线安装。工程量清单项目设置及工程量计算规则，应按表 7-8 的规定执行。

表7-8　母线安装（编码:030403）

项目编码	项目名称	项目特征	计量单位	工程量计算规则	工程内容
030403001	软母线	1. 名称 2. 材质 3. 型号 4. 规格 5. 绝缘子类型、规格			1. 母线安装 2. 绝缘子耐压试验 3. 跳线安装 4. 绝缘子安装
030403002	组合软母线				
030403003	带形母线	1. 名称 2. 型号 3. 规格 4. 材质 5. 绝缘子类型、规格 6. 穿墙套管材质、规格 7. 穿通板材质、规格 8. 母线桥材质、规格 9. 引下线材质、规格 10. 伸缩节、过渡板材质、规格 11. 分相漆品种	m	按设计图示尺寸以单相长度计算（含预留长度）	1. 母线安装 2. 穿通板制作、安装 3. 支持绝缘子、穿墙套管的耐压试验、安装 4. 引下线安装 5. 伸缩节安装 6. 过渡板安装 7. 刷分相漆
030403004	槽形母线	1. 名称 2. 型号 3. 规格 4. 材质 5. 连接设备名称、规格 6. 分相漆品种			1. 母线制作、安装 2. 与发电机、变压器连接 3. 与断路器、隔离开关连接 4. 刷分相漆
030403005	共箱母线	1. 名称 2. 型号 3. 规格 4. 材质			
030403006	低压封闭式插接母线槽	1. 名称 2. 型号 3. 规格 4. 容量(A) 5. 线制 6. 安装部位		按设计图示尺寸以中心线长度计算	1. 母线安装 2. 补刷（喷）油漆

（续）

项目编码	项目名称	项目特征	计量单位	工程量计算规则	工程内容
030403007	始端箱、分线箱	1. 名称 2. 型号 3. 规格 4. 容量(A)	台	按设计图示数量计算	1. 本体安装 2. 补刷(喷)油漆
030403008	重型母线	1. 名称 2. 型号 3. 规格 4. 容量(A) 5. 材质 6. 绝缘子类型、规格 7. 伸缩器及导板规格	t	按设计图示尺寸以质量计算	1. 母线制作、安装 2. 伸缩器及导板制作、安装 3. 支持绝缘子安装 4. 补刷(喷)油漆

注：1. 软母线安装预留长度见《通用安装工程工程量计算规范》（GB 50586—2013）表 D. 15. 7-1。
　　2. 硬母线配置安装预留长度见《通用安装工程工程量计算规范》（GB 50586—2013）表 D. 15. 7-2。

（4）控制设备及低压电器安装。工程量清单项目设置及工程量计算规则，应按表7-9的规定执行。

表 7-9　控制设备及低压电器安装（编码：030404）

项目编码	项目名称	项目特征	计量单位	工程量计算规则	工程内容
030404001	控制屏	1. 名称 2. 型号 3. 规格 4. 种类 5. 基础型钢形式、规格 6. 接线端子材质、规格 7. 端子板外部接线材质、规格 8. 小母线材质、规格 9. 屏边规格	台	按设计图示数量计算	1. 本体安装 2. 基础型钢制作、安装 3. 端子板安装 4. 焊、压接线端子 5. 盘柜配线、端子接线 6. 小母线安装 7. 屏边安装 8. 补刷(喷)油漆 9. 接地
030404002	继电、信号屏				
030404003	模拟屏				
030404004	低压开关柜(屏)				1. 本体安装 2. 基础型钢制作、安装 3. 端子板安装 4. 焊、压接线端子 5. 盘柜配线、端子接线 6. 屏边安装 7. 补刷(喷)油漆 8. 接地

（续）

项目编码	项目名称	项目特征	计量单位	工程量计算规则	工程内容
030404005	弱电控制返回屏	1. 名称 2. 型号 3. 规格 4. 种类 5. 基础型钢形式、规格 6. 接线端子材质、规格 7. 端子板外部接线材质、规格 8. 小母线材质、规格 9. 屏边规格	台	按设计图示数量计算	1. 本体安装 2. 基础型钢制作、安装 3. 端子板安装 4. 焊、压接线端子 5. 盘柜配线、端子接线 6. 小母线安装 7. 屏边安装 8. 补刷（喷）油漆 9. 接地
030404006	箱式配电室	1. 名称 2. 型号 3. 规格 4. 质量 5. 基础规格、浇筑材质 6. 基础型钢形式、规格	套		1. 本体安装 2. 基础型钢制作、安装 3. 基础浇筑 4. 补刷（喷）油漆 5. 接地
030404007	硅整流柜	1. 名称 2. 型号 3. 规格 4. 容量（A） 5. 基础型钢形式、规格		按设计图示数量计算	1. 本体安装 2. 基础型钢制作、安装 3. 补刷（喷）油漆 4. 接地
030404008	可控硅柜	1. 名称 2. 型号 3. 规格 4. 容量（kW） 5. 基础型钢形式、规格	台		
030404009	低压电容器柜	1. 名称 2. 型号 3. 规格 4. 基础型钢形式、规格 5. 接线端子材质、规格 6. 端子板外部接线材质、规格 7. 小母线材质、规格 8. 屏边规格			1. 本体安装 2. 基础型钢制作、安装 3. 端子板安装 4. 焊、压接线端子 5. 盘柜配线、端子接线 6. 小母线安装 7. 屏边安装 8. 补刷（喷）油漆 9. 接地
030404010	自动调节励磁屏				
030404011	励磁灭磁屏				
030404012	蓄电池屏（柜）				
030404013	直流馈电屏				
030404014	事故照明切换屏				

（续）

项目编码	项目名称	项目特征	计量单位	工程量计算规则	工程内容
030404015	控制台	1. 名称 2. 型号 3. 规格 4. 基础型钢形式、规格 5. 接线端子材质、规格 6. 端子板外部接线材质、规格 7. 小母线材质、规格	台	按设计图示数量计算	1. 本体安装 2. 基础型钢制作、安装 3. 端子板安装 4. 焊、压接线端子 5. 盘柜配线、端子接线 6. 小母线安装 7. 补刷（喷）油漆 8. 接地
030404016	控制箱	1. 名称 2. 型号 3. 规格 4. 基础形式、材质、规格 5. 接线端子材质、规格 6. 端子板外部接线材质、规格 7. 安装方式			1. 本体安装 2. 基础型钢制作、安装 3. 焊、压接线端子 4. 补刷（喷）油漆 5. 接地
030404017	配电箱				
030404018	插座箱	1. 名称 2. 型号 3. 规格 4. 安装方式			1. 本体安装 2. 接地
030404019	控制开关	1. 名称 2. 型号 3. 规格 4. 接线端子材质、规格 5. 额定电流（A）	个		1. 本体安装 2. 焊、压接线端子 3. 接线
030404020	低压熔断器	1. 名称 2. 型号 3. 规格 4. 接线端子材质、规格			
030404021	限位开关				
030404022	控制器		台		
030404023	接触器				
030404024	磁力启动器				
030404025	Y-△自耦减压启动器				
030404026	电磁铁（电磁制动器）				
030404027	快速自动开关				
030404028	电阻器		箱		
030404029	油浸频敏变阻器		台		

（续）

项目编码	项目名称	项目特征	计量单位	工程量计算规则	工程内容
030404030	分流器	1. 名称 2. 型号 3. 规格 4. 容量（A） 5. 接线端子材质、规格	个		1. 本体安装 2. 焊、压接线端子 3. 接线
030404031	小电器	1. 名称 2. 型号 3. 规格 4. 接线端子材质、规格	个 （套、台）		1. 本体安装 2. 焊、压接线端子 3. 接线
030404032	端子箱	1. 名称 2. 型号 3. 规格 4. 安装部位		按设计图示数量计算	1. 本体安装 2. 接线
030404033	风扇	1. 名称 2. 型号 3. 规格 4. 安装方式	台		1. 本体安装 2. 调速开关安装
030404034	照明开关	1. 名称 2. 材质 3. 规格 4. 安装方式	个		1. 本体安装 2. 接线
030404035	插座				
030404036	其他电器	1. 名称 2. 规格 3. 安装方式	个 （套、台）		1. 安装 2. 接线

注：1. 控制开关包括：自动空气开关、刀型开关、铁壳开关、胶盖刀闸开关、组合控制开关、万能转换开关、风机盘管三速开关、漏电保护开关等。

2. 小电器包括：按钮、电笛、电铃、水位电气信号装置、测量表计、继电器、电磁锁、屏上辅助设备、辅助电压互感器、小型安全变压器等。

3. 其他电器安装指：本节未列的电器项目。

4. 其他电器必须根据电器实际名称确定项目名称，明确描述工作内容、项目特征、计量单位、计算规则。

5. 盘、箱、柜的外部进出电线预留长度见《通用安装工程工程量计算规范》（GB 50586—2013）表 D.15.7-3。

（5）蓄电池安装。工程量清单项目设置及工程量计算规则，应按表 7-10 的规定执行。

表 7-10　蓄电池安装(编码:030405)

项目编码	项目名称	项 目 特 征	计量单位	工程量计算规则	工 程 内 容
030405001	蓄电池	1. 名称 2. 型号 3. 容量(A·h) 4. 防震支架形式、材质 5. 充放电要求	个 (组件)	按设计图 示数量计算	1. 本体安装 2. 防震支架安装 3. 充放电
030405002	太阳能电池	1. 名称 2. 型号 3. 规格 4. 容量 5. 安装方式	组		1. 安装 2. 电池方阵铁架安装 3. 联调

（6）电机检查接线及调试。工程量清单项目设置及工程量计算规则，应按表7-11的规定执行。

表 7-11　电机检查接线及调试(编码:030406)

项目编码	项目名称	项 目 特 征	计量单位	工程量计算规则	工 程 内 容
030406001	发电机	1. 名称 2. 型号 3. 容量(kW) 4. 接线端子材质、规格 5. 干燥要求			
030406002	调相机				
030406003	普通小型直流电动机				
030406004	可控硅调速直流电动机	1. 名称 2. 型号 3. 容量(kW) 4. 类型 5. 接线端子材质、规格 6. 干燥要求	台	按设计图 示数量计算	1. 检查接线 2. 接地 3. 干燥 4. 调试
030406005	普通交流同步电动机	1. 名称 2. 型号 3. 容量(kW) 4. 启动方式 5. 电压等级(kV) 6. 接线端子材质、规格 7. 干燥要求			
030406006	低压交流异步电动机	1. 名称 2. 型号 3. 容量(kW) 4. 控制保护方式 5. 接线端子材质、规格 6. 干燥要求			

（续）

项目编码	项目名称	项目特征	计量单位	工程量计算规则	工程内容
030406007	高压交流异步电动机	1. 名称 2. 型号 3. 容量（kW） 4. 保护类别 5. 接线端子材质、规格 6. 干燥要求	台		
030406008	交流变频调速电动机	1. 名称 2. 型号 3. 容量（kW） 4. 类别 5. 接线端子材质、规格 6. 干燥要求	台	按设计图示数量计算	1. 检查接线 2. 接地 3. 干燥 4. 调试
030406009	微型电机、电加热器	1. 名称 2. 型号 3. 规格 4. 接线端子材质、规格 5. 干燥要求			
030406010	电动机组	1. 名称 2. 型号 3. 电动机台数 4. 联锁台数 5. 接线端子材质、规格 6. 干燥要求	组		
030406011	备用励磁机组	1. 名称 2. 型号 3. 接线端子材质、规格 4. 干燥要求			
030406012	励磁电阻器	1. 名称 2. 型号 3. 规格 4. 接线端子材质、规格 5. 干燥要求	台		1. 本体安装 2. 检查接线 3. 干燥

注：1. 可控硅调速直流电动机类型指一般可控硅调速直流电动机、全数字式控制可控硅调速直流电动机。

　　2. 交流变频调速电动机类型指交流同步变频电动机、交流异步变频电动机。

　　3. 电动机按其质量划分为大、中、小型：3t 以下为小型，3~30t 为中型，30t 以上为大型。

（7）滑触线装置安装。工程量清单项目设置及工程量计算规则，应按表 7-12 的规定执行。

表 7-12　滑触线装置安装(编码:030407)

项目编码	项目名称	项 目 特 征	计量单位	工程量计算规则	工 程 内 容
030407001	滑触线	1. 名称 2. 型号 3. 规格 4. 材质 5. 支架形式、材质 6. 移动软电缆材质、规格、安装部位 7. 拉紧装置类型 8. 伸缩接头材质、规格	m	按设计图示尺寸以单相长度计算(含预留长度)	1. 滑触线安装 2. 滑触线支架制作、安装 3. 拉紧装置及挂式支持器制作、安装 4. 移动软电缆安装 5. 伸缩接头制作、安装

注: 1. 支架基础铁件及螺栓是否浇注需说明。

2. 滑触线安装预留长度见《通用安装工程工程量计算规范》(GB 50586—2013)表 D. 15. 7-4。

(8) 电缆安装。工程量清单项目设置及工程量计算规则,应按表 7-13 的规定执行。

表 7-13　电缆安装(编码:030408)

项目编码	项目名称	项 目 特 征	计量单位	工程量计算规则	工 程 内 容
030408001	电力电缆	1. 名称 2. 型号 3. 规格 4. 材质 5. 敷设方式、部位 6. 电压等级(kV) 7. 地形	m	按设计图示尺寸以长度计算(含预留长度及附加长度)	1. 电缆敷设 2. 揭(盖)盖板
030408002	控制电缆				
030408003	电缆保护管	1. 名称 2. 材质 3. 规格 4. 敷设方式	m	按设计图示尺寸以长度计算	保护管敷设
030408004	电缆槽盒	1. 名称 2. 材质 3. 规格 4. 型号			槽盒安装
030408005	铺砂、盖保护板(砖)	1. 种类 2. 规格			1. 铺砂 2. 盖板(砖)
030408006	电力电缆头	1. 名称 2. 型号 3. 规格 4. 材质、类型 5. 安装部位 6. 电压等级(kV)	个	按设计图示数量计算	1. 电力电缆头制作 2. 电力电缆头安装 3. 接地
030408007	控制电缆头	1. 名称 2. 型号 3. 规格 4. 材质、类型 5. 安装方式			

（续）

项目编码	项目名称	项目特征	计量单位	工程量计算规则	工程内容
030408008	防火堵洞	1. 名称 2. 材质 3. 方式 4. 部位	处	按设计图示数量计算	安装
030408009	防火隔板		m²	按设计图示尺寸以面积计算	
030408010	防火涂料		kg	按设计图示尺寸以质量计算	
030408011	电缆分支箱	1. 名称 2. 型号 3. 规格 4. 基础形式、材质、规格	台	按设计图示数量计算	1. 本体安装 2. 基础制作、安装

注：1. 电缆穿刺线夹按电缆头编码列项。

2. 电缆井、电缆排管、顶管，应按现行国家标准《市政工程工程量计算规范》（GB 50857—2013）相关项目编码列项。

3. 电缆敷设预留长度及附加长度见《通用安装工程工程量计算规范》（GB 50586—2013）表 D.15.7-5。

（9）防雷及接地装置。工程量清单项目设置及工程量计算规则，应按表 7-14 的规定执行。

表 7-14 防雷及接地装置（编码：030409）

项目编码	项目名称	项目特征	计量单位	工程量计算规则	工程内容
030409001	接地极	1. 名称 2. 材质 3. 规格 4. 土质 5. 基础接地形式	根（块）	按设计图示数量计算	1. 接地极（板、桩）制作、安装 2. 基础接地网安装 3. 补刷（喷）油漆
030409002	接地母线	1. 名称 2. 材质 3. 规格 4. 安装部位 5. 安装形式	m	按设计图示尺寸以长度计算（含附加长度）	1. 接地母线制作、安装 2. 补刷（喷）油漆
030409003	避雷引下线	1. 名称 2. 材质 3. 规格 4. 安装部位 5. 安装形式 6. 断接卡子、箱材质、规格			1. 避雷引下线制作、安装 2. 断接卡子、箱制作、安装 3. 利用主钢筋焊接 4. 补刷（喷）油漆

（续）

项目编码	项目名称	项目特征	计量单位	工程量计算规则	工程内容
030409004	均压环	1. 名称 2. 材质 3. 规格 4. 安装形式	m	按设计图示尺寸以长度计算（含附加长度）	1. 均压环敷设 2. 钢铝窗接地 3. 柱主筋与圈梁焊接 4. 利用圈梁钢筋焊接 5. 补刷（喷）油漆
030409005	避雷网	1. 名称 2. 材质 3. 规格 4. 安装形式 5. 混凝土块标号			1. 避雷网制作、安装 2. 跨接 3. 混凝土块制作 4. 补刷（喷）油漆
030409006	避雷针	1. 名称 2. 材质 3. 规格 4. 安装形式、高度	根	按设计图示数量计算	1. 避雷针制作、安装 2. 跨接 3. 补刷（喷）油漆
030409007	半导体少长针消雷装置	1. 型号 2. 高度	套		本体安装
030409008	等电位端子箱、测试板	1. 名称 2. 材质	台（块）		
030409009	绝缘垫	3. 规格	m²	按设计图示尺寸以展开面积计算	1. 制作 2. 安装
030409010	浪涌保护器	1. 名称 2. 规格 3. 安装形式 4. 防雷等级	个	按设计图示数量计算	1. 本体安装 2. 接线 3. 接地
030409011	降阻剂	1. 名称 2. 类型	kg	按设计图示以质量计算	1. 挖土 2. 施放降阻剂 3. 回填土 4. 运输

注：1. 利用桩基础做接地极，应描述桩台下桩的根数，每桩台下需焊接柱筋根数，其工程量按柱引下线计算；利用基础钢筋做接地极按均压环项目编码列项。

2. 利用柱筋做引下线的，需描述柱筋焊接根数。

3. 利用圈梁筋做均压环的，需描述圈梁筋焊接根数。

4. 使用电缆、电线做接地线，应按表7-13、表7-17相关项目编码列项。

5. 接地母线、引下线、避雷网附加长度见《通用安装工程工程量计算规范》（GB 50586—2013）表 D. 15. 7-6。

（10）10kV 以下架空配电线路。工程量清单项目设置及工程量计算规则，应按表7-15的规定执行。

表 7-15　10kV 以下架空配电线路(编码:030410)

项目编码	项目名称	项目特征	计量单位	工程量计算规则	工 程 内 容
030410001	电杆组立	1. 名称 2. 材质 3. 规格 4. 类型 5. 地形 6. 土质 7. 底盘、拉盘、卡盘规格 8. 拉线材质、规格、类型 9. 现浇基础类型、钢筋类型、规格、基础垫层要求 10. 电杆防腐要求	根(基)	按设计图示数量计算	1. 施工定位 2. 电杆组立 3. 土(石)方挖填 4. 底盘、拉盘、卡盘安装 5. 电杆防腐 6. 拉线制作、安装 7. 现浇基础、基础垫层 8. 工地运输
030410002	横担组装	1. 名称 2. 材质 3. 规格 4. 类型 5. 电压等级(kV) 6. 瓷瓶型号、规格 7. 金具品种规格	组		1. 横担安装 2. 瓷瓶、金具组装
030410003	导线架设	1. 名称 2. 型号 3. 规格 4. 地形 5. 跨越类型	km	按设计图示尺寸以单线长度计算(含预留长度)	1. 导线架设 2. 导线跨越及进户线架设 3. 工地运输
030410004	杆上设备	1. 名称 2. 型号 3. 规格 4. 电压等级(kV) 5. 支撑架种类、规格 6. 接线端子材质、规格 7. 接地要求	台(组)	按设计图示数量计算	1. 支撑架安装 2. 本体安装 3. 焊压接线端子、接线 4. 补刷(喷)油漆 5. 接地

注: 1. 杆上设备调试, 应按表 7-19 相关项目编码列项。

2. 架空导线预留长度见《通用安装工程工程量计算规范》(GB 50586—2013)表 D. 15. 7-7。

(11) 配管、配线。工程量清单项目设置及工程量计算规则, 应按表 7-16 的规定执行。

表 7-16　配管、配线（编码:030411）

项目编码	项目名称	项目特征	计量单位	工程量计算规则	工程内容
030411001	配管	1. 名称 2. 材质 3. 规格 4. 配置形式 5. 接地要求 6. 钢索材质、规格	m	按设计图示尺寸以长度计算	1. 电线管路敷设 2. 钢索架设(拉紧装置安装) 3. 预留沟槽 4. 接地
030411002	线槽	1. 名称 2. 材质 3. 规格	m	按设计图示尺寸以长度计算	1. 本体安装 2. 补刷(喷)油漆
030411003	桥架	1. 名称 2. 型号 3. 规格 4. 材质 5. 类型 6. 接地方式			1. 本体安装 2. 接地
030411004	配线	1. 名称 2. 配线开工 3. 型号 4. 规格 5. 材质 6. 配线部位 7. 配线线制 8. 钢索材质、规格	m	按设计图示尺寸以单线长度计算(含预留长度)	1. 配线 2. 钢索架设(拉紧装置安装) 3. 支持体(夹板、绝缘子、槽板等)安装
030411005	接线箱	1. 名称 2. 材质 3. 规格 4. 安装形式	个	按设计图示数量计算	本体安装
030411006	接线盒				

注：1. 配管、线槽安装不扣除管路中间的接线箱(盒)、灯头盒、开关盒所占长度。
2. 配管名称指电线管、钢管、防爆管、塑料管、软管、波纹管等。
3. 配管配置形式指明配、暗配、吊顶内、钢结构支架、钢索配管、埋地敷设、水下敷设、砌筑沟内敷设等。
4. 配线名称指管内穿线、瓷夹板配线、塑料夹板配线、绝缘子配线、槽板配线、塑料护套配线、线槽配线、车间带形母线等。
5. 配线形式指照明线路，动力线路，木结构，顶棚内，砖、混凝土结构，沿支架、钢索、屋架、梁、柱、墙，以及跨屋架、梁、柱。
6. 配线保护管遇到下列情况之一时，应增设管路接线盒和拉线盒：管长度每超过 30m，无弯曲；管长度每超过 20m，有 1 个弯曲；管长度每超过 15m，有 2 个弯曲；管长度每超过 8m，有 3 个弯曲。垂直敷设的电线保护管遇到下列情况之一时，应增设固定导线用的拉线盒：管内导线截面为 50mm² 以及下，长度每超过 30m；管内导线截面为 70~95mm²，长度每超过 20m；管内导线截面为 120~240mm²，长度每超过 18m。在配管清单项目计量时，设计无要求时上述规定可以作为计量接线盒、拉线盒的依据。
7. 配管安装中不包括凿槽、刨沟，应按表 7-18 相关项目编码列项。
8. 配线进入箱、柜、板的预留长度见《通用安装工程工程量计算规范》(GB 50586—2013)表 D.15.7-8。

（12）照明器具安装。工程量清单项目设置及工程量计算规则，应按表 7-17 的规定执行。

表 7-17　照明器具安装（编码：030412）

项目编码	项目名称	项目特征	计量单位	工程量计算规则	工 程 内 容
030412001	普通灯具	1. 名称 2. 型号 3. 规格 4. 类型	套	按设计图示数量计算	本体安装
030412002	工厂灯	1. 名称 2. 型号 3. 规格 4. 安装形式			
030412003	高度标志（障碍）灯	1. 名称 2. 型号 3. 规格 4. 安装部位 5. 安装高度			
030412004	装饰灯	1. 名称 2. 型号 3. 规格 4. 安装形式			
030412005	荧光灯				
030412006	医疗专用灯	1. 名称 2. 型号 3. 规格			
030412007	一般路灯	1. 名称 2. 型号 3. 规格 4. 灯杆材质、规格 5. 灯架形式及臂长 6. 附件配置要求 7. 灯杆形式（单、双） 8. 基础形式、砂浆配合比 9. 杆座材质、规格 10. 接线端子材质、规格 11. 编号 12. 接地要求			1. 基础制作、安装 2. 立灯杆 3. 杆座安装 4. 灯架及灯具附件安装 5. 焊、压接线端子 6. 补刷（喷）油漆 7. 灯杆编号 8. 接地

（续）

项目编码	项目名称	项目特征	计量单位	工程量计算规则	工 程 内 容
030412008	中杆灯	1. 名称 2. 灯杆的材质及高度 3. 灯架的型号、规格 4. 附件配置 5. 光源数量 6. 基础形式、浇筑材质 7. 杆座材质、规格 8. 接线端子材质、规格 9. 铁构件规格 10. 编号 11. 灌浆配合比 12. 接地要求	套	按设计图示数量计算	1. 基础浇筑 2. 立灯杆 3. 杆座安装 4. 灯架及灯具附件安装 5. 焊、压接线端子 6. 铁构件安装 7. 补刷（喷）油漆 8. 灯杆编号 9. 接地
030412009	高杆灯	1. 名称 2. 灯杆高度 3. 灯架形式（成套或组装、固定或升降） 4. 附件配置 5. 光源数量 6. 基础形式，浇筑材质 7. 杆座材质、规格 8. 接线端子材质、规格 9. 铁构件规格 10. 编号 11. 灌浆配合比 12. 接地要求			1. 基础浇筑 2. 立灯杆 3. 杆座安装 4. 灯架及灯具附件安装 5. 焊、压接线端子 6. 铁构件安装 7. 补刷（喷）油漆 8. 灯杆编号 9. 升降机构接线调试 10. 接地
030412010	桥栏杆灯	1. 名称 2. 型号 3. 规格 4. 安装形式			1. 灯具安装 2. 补刷（喷）油漆
030412011	地道涵洞灯				

注：1. 普通灯具包括圆球吸顶灯、半圆球吸顶灯、方形吸顶灯、软线吊灯、座灯头、吊链灯、防水吊灯、壁灯等。
　　2. 工厂灯包括工厂罩灯、防水灯、防尘灯、碘钨灯、投光灯、泛光灯、混光灯、密封灯等。
　　3. 高度标志（障碍）灯包括烟囱标志灯、高塔标志灯、高层建筑屋顶障碍指示灯等。
　　4. 装饰灯包括吊式艺术装饰灯、吸顶式艺术装饰灯、荧光艺术装饰灯、几何型组合艺术装饰灯、标志灯、诱导装饰灯、水下（上）艺术装饰灯、点光源艺术灯、歌舞厅灯具、草坪灯具等。
　　5. 医疗专用灯包括病房指示灯、病房暗脚灯、紫外线杀菌灯、无影灯等。
　　6. 中杆灯是指安装在高度小于或等于 19m 的灯杆上的照明器具。
　　7. 高杆灯是指安装在高度大于 19m 的灯杆上的照明器具。

（13）附属工程。工程量清单项目设置及工程量计算规则，应按表 7-18 的规定执行。

表 7-18　附属工程（编码：030413）

项目编码	项目名称	项目特征	计量单位	工程量计算规则	工程内容
030413001	铁构件	1. 名称 2. 材质 3. 规格	kg	按设计图示尺寸以质量计算	1. 制作 2. 安装 3. 补刷（喷）油漆
030413002	凿（压）槽	1. 名称 2. 规格 3. 类型 4. 填充（恢复）方式 5. 混凝土标准	m	按设计图示尺寸以长度计算	1. 开槽 2. 恢复处理
030413003	打洞（孔）	1. 名称 2. 规格 3. 类型 4. 填充（恢复）方式 5. 混凝土标准	个	按设计图示数量计算	1. 开孔、洞 2. 恢复处理
030413004	管道包封	1. 名称 2. 规格 3. 混凝土强度等级	m	按设计图示长度计算	1. 灌注 2. 养护
030413005	人（手）孔砌筑	1. 名称 2. 规格 3. 类型	个	按设计图示数量计算	砌筑
030413006	人（手）孔防水	1. 名称 2. 类型 3. 规格 4. 防水材质及做法	m²	按设计图示防水面积计算	防水

注：铁构件适用于电气工程的各种支架、铁构件的制作安装。

（14）电气调整试验。工程量清单项目设置及工程量计算规则，应按表 7-19 的规定执行。

表 7-19　电气调整试验（编码：030414）

项目编码	项目名称	项目特征	计量单位	工程量计算规则	工程内容
030414001	电力变压器系统	1. 名称 2. 型号 3. 容量（kV·A）	系统	按设计图示系统计算	系统调试
030414002	送配电装置系统	1. 名称 2. 型号 3. 电压等级（kV） 4. 类型			

（续）

项目编码	项目名称	项目特征	计量单位	工程量计算规则	工程内容
030414003	特殊保护装置	1. 名称 2. 类型	台（套）	按设计图示数量计算	调试
030414004	自动投入装置		系统（台、套）		
030414005	中央信号装置	1. 名称 2. 类型	系统（台）		
030414006	事故照明切换装置		系统	按设计图示系统计算	
030414007	不间断电源	1. 名称 2. 类型 3. 容量	系统		
030414008	母线	1. 名称 2. 电压等级（kV）	段	按设计图示数量计算	
030414009	避雷器		组		
030414010	电容器				
030414011	接地装置	1. 名称 2. 类别	1. 系统 2. 组	1. 以系统计量，按设计图示系统计算 2. 以组计量，按设计图示数量计算	接地电阻测试
030414012	电抗器、消弧线圈		台	按设计图示数量计算	调试
030414013	电除尘器	1. 名称 2. 型号 3. 规格	组		
030414014	硅整流设备、可控硅整流装置	1. 名称 2. 类别 3. 电压（V） 4. 电流（A）	系统	按设计图示系统计算	
030414015	电缆试验	1. 名称 2. 电压等级（kV）	次（根、点）	按设计图示数量计算	试验

注：1. 功率大于 10kW 电动机及发电机的启动调试用的蒸汽、电力和其他动力能源消耗及变压器空载试运转的电力消耗及设备需烘干处理应说明。

2. 配合机械设备及其他工艺的单体试车，应按《通用安装工程工程量计算规范》（GB 50586—2013）附录 N 措施项目相关项目编码列项。

3. 计算机系统调试应按《通用安装工程工程量计算规范》（GB 50586—2013）附录 F 自动化控制仪表安装工程相关项目编码列项。

（15）相关问题及说明。其他相关问题详见《通用安装工程工程量计算规范》（GB 50586—2013）。

第8章 建设工程工程量清单计价

8.1 规范工程量清单计价有关规定

《建设工程工程量清单计价规范》(GB 50500—2013)中关于工程量清单计价的条文具体如下。

8.1.1 一般规定

（1）建设工程施工发承包造价由分部分项工程费、措施项目费、其他项目费、规费和税金组成。

（2）分部分项工程和措施项目清单应采用综合单价计价。

（3）招标工程量清单标明的工程量是投标人投标报价的共同基础，竣工结算的工程量按发承包双方在合同中约定应予计量且实际完成的工程量确定。

（4）措施项目清单中的安全文明施工费应按照国家或省级、行业建设主管部门的规定计价，不得作为竞争性费用。

（5）规费和税金应按国家或省级、行业建设主管部门的规定计算，不得作为竞争性费用。

（6）采用工程量清单计价的工程，应在招标文件或合同中明确计价中的风险内容及其范围(幅度)，不得采用无限风险、所有风险或类似语句规定计价中的风险内容及其范围(幅度)。

（7）下列影响合同价款的因素出现，应由发包人承担：

① 国家法律、法规、规章和政策变化。

② 省级或行业建设主管部门发布的人工费调整。

（8）由于市场物价波动影响合同价款，应由发承包双方合理分摊并在合同中约定。合同中没有约定，发承包双方发生争议时，按下列规定实施：

① 材料、工程设备的涨幅超过招标时基准价格5%以上由发包人承担。

② 施工机械使用费涨幅超过招标时的基准价格10%以上由发包人承担。

（9）由于承包人使用机械设备、施工技术以及组织管理水平等自身原因造成施工费用增加的，应由承包人全部承担。

（10）不可抗力发生时，影响合同价款的，按规范第9.10条的规定执行。

8.1.2 招标工程量清单

（1）招标工程量清单应由具有编制能力的招标人或受其委托、具有相应资质的工程造价咨询人编制。

（2）招标工程量清单必须作为招标文件的组成部分，其准确性和完整性由招标人负责。

（3）招标工程量清单是工程量清单计价的基础，应作为编制招标控制价、投标报价、计算或调整工程量、索赔等的依据之一。

（4）工程量清单应由分部分项工程量清单、措施项目清单、其他项目清单、规费项目清单、税金目清单组成。

（5）编制工程量清单应依据：

① 本规范和相关工程的国家计量规范。

② 国家或省级、行业建设主管部门颁发的计价依据和办法。

③ 建设工程设计文件。

④ 与建设工程有关的标准、规范、技术资料。

⑤ 拟定的招标文件。

⑥ 施工现场情况、工程特点及常规施工方案。

⑦ 其他相关资料。

（6）分部分项工程量清单应载明项目编码、项目名称、项目特征、计量单位和工程量。

（7）分部分项工程量清单应根据相关工程现行国家计量规范规定的项目编码、项目名称、项目特征、计量单位和工程量计算规则进行编制。

（8）措施项目清单应根据相关工程现行国家计量规范的规定编制。

（9）措施项目清单应根据拟建工程的实际情况列项。

（10）其他项目清单应按照下列内容列项：

① 暂列金额。

② 暂估价，包括材料暂估单价、工程设备暂估单价、专业工程暂估价。

③ 计日工。

④ 总承包服务费。

（11）暂列金额应根据工程特点，按有关计价规定估算。

（12）暂估价中的材料、工程设备暂估价应根据工程造价信息或参照市场价格估算；专业工程暂估价应分不同专业，按有关计价规定估算，列出明细表。

（13）计日工应列出项目名称、计量单位和暂估数量。

（14）出现（10）中未列的项目，应根据工程实际情况补充。

（15）规费项目清单应按照下列内容列项：

① 工程排污费。

② 社会保障费，包括养老保险费、失业保险费、医疗保险费。

③ 住房公积金。

④ 工伤保险。

（16）出现（15）中未列的项目，应根据省级政府或省级有关权力部门的规定列项。

（17）税金项目清单应包括下列内容：

① 营业税。

② 城市维护建设税。

③ 教育费附加。

（18）出现（17）中未列的项目，应根据税务部门的规定列项。

8.1.3 招标控制价

（1）国有资金投资的工程建设项目应实行工程量清单招标，招标人应编制招标控制价。

（2）招标控制价超过批准的概算时，招标人应将其报原概算审批部门审核。

（3）投标人的投标报价高于招标控制价的，其投标应予以拒绝。

（4）招标控制价应由具有编制能力的招标人或受其委托、具有相应资质的工程造价咨询人编制和复核。

（5）招标控制价应在招标时公布，不应上调或下浮，招标人应将招标控制价及有关资料报送工程所在地工程造价管理机构备查。

（6）招标控制价应根据下列依据编制与复核：

① 本规范。

② 国家或省级、行业建设主管部门颁发的计价定额和计价办法。

③ 建设工程设计文件及相关资料。

④ 拟定的招标文件及招标工程量清单。

⑤ 与建设项目相关的标准、规范、技术资料。

⑥ 施工现场情况、工程特点及常规施工方案。

⑦ 工程造价管理机构发布的工程造价信息；工程造价信息没有发布的，参照市场价。

⑧ 其他的相关资料。

（7）分部分项工程费应根据拟定的招标文件中的分部分项工程量清单项目的特征描述及有关要求计价，并应符合下列规定：

① 综合单价中应包括拟定的招标文件中要求投标人承担的风险费用。拟定的招标文件没有明确的，应提请招标人明确。

② 拟定的招标文件提供了暂估单价的材料和工程设备，按暂估的单价计入综合单价。

（8）措施项目费应根据拟定的招标文件中的措施项目清单按规范第 3.1.4 和 3.1.5 条的规定计价。

（9）其他项目费应按下列规定计价：

① 暂列金额应按招标工程量清单中列出的金额填写。

② 暂估价中的材料、工程设备单价应按招标工程量清单中列出的单价计入综合单价。

③ 暂估价中的专业工程金额应按招标工程量清单中列出的金额填写。

④ 计日工应按招标工程量清单中列出的项目根据工程特点和有关计价依据确定综合单价计算。

⑤ 总承包服务费应根据招标工程量清单列出的内容和要求估算。

（10）规费和税金应按规范第 3.1.6 条的规定计算。

（11）投标人经复核认为招标人公布的招标控制价未按照本规范的规定进行编制的，应当在招标控制价公布后 5 天内向招投标监督机构和工程造价管理机构投诉。

（12）投诉人投诉时，应当提交书面投诉书，包括以下内容：

① 投诉人与被投诉人的名称、地址及有效联系方式。

② 投诉的招标工程名称、具体事项及理由。

③ 相关请求和主张及证明材料。

投诉书必须有单位盖章和法定代表人或其委托人的签名或盖章。

（13）投诉人不得进行虚假、恶意投诉，阻碍投标活动的正常进行。

（14）工程造价管理机构在接到投诉书后应在2个工作日内进行审查，对有下列情况之一的，不予受理：

① 投诉人不是所投诉招标工程的投标人。

② 投诉书提交的时间不符合规范第5.3.1条规定的。

③ 投诉书不符合规范第3.5.2条规定的。

（15）工程造价管理机构应在不迟于结束审查的次日将受理情况书面通知投诉人、被投诉人以及负责该工程招投标监督的招投标管理机构。

（16）工程造价管理机构受理投诉后，应立即对招标控制价进行复查，组织投诉人、被投诉人或其委托的招标控制价编制人等单位人员对投诉问题逐一核对。有关当事人应当予以配合，并保证所提供资料的真实性。

（17）工程造价管理机构应当在受理投诉的10天内完成复查（特殊情况下可适当延长），并作出书面结论通知投诉人、被投诉人及负责该工程招投标监督的招投标管理机构。

（18）当招标控制价复查结论与原公布的招标控制价误差大于±3%的，应当责成招标人改正。

（19）招标人根据招标控制价复查结论需要修改公布招标控制价的，且最终招标控制价的发布时间至投标截止时间不足15天的，应当延长投标文件的截止时间。

8.1.4　投标价

（1）投标价应由投标人或受其委托具有相应资质的工程造价咨询人编制。

（2）除本规范强制性规定外，投标人应依据招标文件及其招标工程量清单自主确定报价成本。

（3）投标报价不得低于工程成本。

（4）投标人应按招标工程量清单填报价格。项目编码、项目名称、项目特征、计量单位、工程量必须与招标工程量清单一致。

（5）投标人可根据工程实际情况结合施工组织设计，对招标人所列的措施项目进行增补。

（6）投标报价应根据下列依据编制和复核：

① 本规范。

② 国家或省级、行业建设主管部门颁发的计价办法。

③ 企业定额，国家或省级、行业建设主管部门颁发的计价定额。

④ 招标文件、工程量清单及其补充通知、答疑纪要。

⑤ 建设工程设计文件及相关资料。

⑥ 施工现场情况、工程特点及拟定的投标施工组织设计或施工方案。

⑦ 与建设项目相关的标准、规范等技术资料。

⑧ 市场价格信息或工程造价管理机构发布的工程造价信息。

⑨ 其他的相关资料。

（7）分部分项工程费应依据招标文件及其招标工程量清单中分部分项工程量清单项目

的特征描述确定综合单价计算，并应符合下列规定：

① 综合单价中应考虑招标文件中要求投标人永担的风险费用。

② 招标工程量清单中提供了暂估单价的材料和工程设备，按暂估的单价计入综合单价。

（8）措施项目费应根据招标文件中的措施项目清单及投标时拟定的施工组织设计或施工方案按规范第 3.1.4 条的规定自主确定。其中安全文明施工费应按照规范第 3.1.5 条的规定确定。

（9）其他项目应按下列规定报价：

① 暂列金额应按招标工程量清单中列出的金额填写。

② 材料、工程设备暂估价应按招标工程量清单中列出的单价计入综合单价。

③ 专业工程暂估价应按招标工程量清单中列出的金额填写。

④ 计日工应按招标工程量清单中列出的项目和数量，自主确定综合单价并计算计日工总额。

⑤ 总承包服务费应根据招标工程量清单中列出的内容和提出的要求自主确定。

（10）规费和税金应按规范第 3.1.6 条的规定确定。

（11）招标工程量清单与计价表中列明的所有需要填写的单价和合价的项目，投标人均应填写且只允许有一个报价。未填写单价和合价的项目，视为此项费用已包含在已标价工程量清单中其他项目的单价和合价之中。竣工结算时，此项目不得重新组价予以调整。

（12）投标总价应当与分部分项工程费、措施项目费、其他项目费和规费、税金的合计金额一致。

8.2　工程量清单计价格式

工程量清单计价格式的内容组成有：封面、投标总价、投标总价说明、工程项目总价表、单项工程费汇总表、单位工程费汇总表、分部分项工程量清单计价表、措施项目清单计价表、其他项目清单计价表、暂列金额明细表、暂估价明细表、计日工表、总承包服务费计价表、规费、税金项目清单与计价表等，具体见第 10 章。

第9章 建设工程工程量清单计价取费

9.1 建设工程造价构成与计算程序

9.1.1 建设工程造价构成

建设工程造价由直接费、间接费、利润和税金组成，见表9-1。

表 9-1 建设工程造价构成表

建设工程造价	直接费	直接工程费	1. 人工费
			2. 材料费
			3. 施工机械使用费
		措施费	施工技术措施费
			1. 大型机械进出场及安拆费
			2. 混凝土、钢筋混凝土模板及支架费
			3. 脚手架费
			4. 已完工程及设备保护费
			5. 施工排水、降水费
			6. 垂直运输机械及超高增加费
			7. 构件运输及安装费
			8. 其他施工技术措施费
			9. 总承包服务费
		施工组织措施费	1. 环境保护费
			2. 文明施工费
			3. 安全施工费
			4. 临时设施费
			5. 夜间施工费
			6. 二次搬运费
			7. 冬、雨期施工增加费
			8. 工程定位复测、工程点交、场地清理费
			9. 室内环境污染物检测费
			10. 缩短工期措施费
			11. 生产工具用具使用费
			12. 其他施工组织措施费

（续）

			1. 管理人员工资
建设工程造价	间接费	企业管理费	2. 办公费
			3. 差旅交通费
			4. 固定资产使用费
			5. 工具用具使用费
			6. 劳动保险费
			7. 工会经费
			8. 职工教育经费
			9. 财产保险费
			10. 财务费
			11. 税金
			12. 其他
		规费	1. 工程排污费
			2. 工程定额测定费
			3. 社会保障费（养老保险费；失业保险费；医疗保险费）
			4. 住房公积金
			5. 危险作业意外伤害保险
	利润		
	税金		

注：表中措施费仅列通用项目，各专业工程的措施项目可根据拟建工程的具体情况确定。

1. 直接费

直接费由直接工程费和措施费组成。

（1）直接工程费是指施工过程中耗费的构成工程实体的各项费用，包括人工费、材料费、施工机械使用费。

1）人工费是指直接从事建设工程施工的生产工人开支的各项费用，内容包括：

① 基本工资是指发放给生产工人的基本工资。

② 工资性补贴是指按规定标准发放的工资有关补贴，详见建标（2003）206 号文。

③ 生产工人辅助工资是指生产工人年有效施工天数以外非作业天数的工资，包括职工学习、培训期间的工资，调动工作、探亲、休假期间的工资，因气候影响的停工工资，女工哺乳期间的工资，病假在 6 个月以内的工资及产、婚、丧假期的工资。

④ 职工福利费只指按规定标准计提的职工福利费。

⑤ 生产工人劳动保护费是指按规定标准发放的劳动保护用品的购置费及修理费、徒工服装补贴、防暑降温费、在有碍身体健康环境中施工的保健费用等。

2）材料费是指施工过程中耗费的构成工程实体的原材料、辅助材料、构配件、零件、半成品的费用。内容包括：

① 材料原价（或供应价格）。

② 材料运杂费是指材料自来源地运至工地仓库或指定堆放地点所发生的全部费用。

③ 运输耗损费是指材料在运输装卸过程中不可避免的损耗。

④ 采购及保管费是指为组织采购、供应和保管材料过程中所需要的各项费用，包括采购费、仓储费、工地保管费、仓储耗损。

⑤ 检验试验费是指对建筑材料、构配件和建筑安装物进行一般鉴定、检查所发生的费用，包括自设实验室进行试验所耗用的材料和化学药品等费用；不包括新结构、新材料的试验费和建设单位对具有出厂合格证明的材料进行检验，对构件做破坏性试验及其他特殊要求检验试验的费用。

3）施工机械使用费是指施工机械作业所发生的机械使用费以及机械安拆费和场外运费。

施工机械台班单价应由下列七项费用组成：

① 折旧费是指施工机械在规定的使用年限内，陆续收回其原值及购置资金的时间价值。

② 大修理费是指施工机械按规定的大修理间隔台班进行必要的大修理，以恢复其正常功能所需的费用。

③ 经常修理费是指施工机械除大修理以外的各级保养和临时故障排除所需的费用。包括为保障机械正常运转所需替换设备与随机配备工具附具的摊销和维护费用，机械运转中日常所需润滑与擦拭的材料费用及机械停滞期间的维护和保养费用等。

④ 安拆费是指施工机械在现场进行安装与拆卸所需的人工、材料、机械和试运转费用以及机械辅助设施的折旧、搭设、拆除等费用；场外运费是指施工机械整体或分体自停放地点运至施工现场或由一个施工地点运至另一个施工地点的运输、装卸、辅助材料及架线等费用。

⑤ 人工费是指机上司机（司炉）和其他操作人员的工作日人工费用及上述人员在施工机械规定的年工作台班以外的人工费。

⑥ 燃料动力费是指施工机械在运转作业中所消耗的固体燃料（煤、木柴）、液体燃料（汽油、柴油）及水、电等费用。

⑦ 养路费及车船使用税是指施工机械按照国家规定和有关部门规定应交纳的养路费、车船使用税、保险费及年检费等。

（2）措施费是指为完成工程项目施工，发生于该工程施工前和施工过程中非工程实体项目的费用，由施工技术措施费和施工组织措施费组成。定额中所列项目是通用项目，专用项目应结合各专业工程和拟建工程的具体情况确定。

1）施工技术措施费的内容包括：

① 大型机械进出场及安拆费是指机械整体或分体自停放地点运至施工现场或由某一施工地点运至另一个施工地点，所发生的机械进出场运输转移费用及机械在施工现场进行安装、拆卸所需的人工费、材料费、机械费、试运转费和安装所需的辅助设施的费用。

② 混凝土、钢筋混凝土模板及支架费是指混凝土施工过程中需要的各种钢模板、木模板、支架等的支、拆、运输费用及模板、支架的摊销（或租赁）费用。

③ 脚手架费是指施工需要的各种脚手架搭、拆、运输费用及脚手架的摊销（或租赁）费用。

④ 已完工程及设备保护费是指竣工验收前，对已完工程及设备进行保护所需的费用。

⑤ 施工排水、降水费是指为确保工程在正常条件下施工，采取各种排水、降水措施降低地下水位所发生的各种费用。

⑥ 垂直运输机械及超高增加费是指工程施工需要的垂直运输机械使用费和建筑物高度超过 20m 时，人工、机械降效等所增加的费用。

⑦ 构件运输及安装费是指混凝土、金属构件、门窗等自堆放地或构件加工厂至施工吊装点的运输费用，以及混凝土、金属构件的吊装费用。

⑧ 其他施工技术措施费是指根据各专业特点、各地区和工程情况所需增加的施工技术措施费用。

⑨ 总承包服务费是指为配合、协调招标人进行的工程分包和材料采购所需的费用。

2）施工组织措施费的内容包括：

① 环境保护费是指施工现场为达到环保部门要求所需要的各项费用。

② 文明施工费是指施工现场文明施工所需要的各项费用。

③ 安全施工费是指施工现场安全施工所需要的各项费用。一般包括安全防护用具和服装，施工现场的安全警示、消防设施、灭火器材、安全教育培训，安全检查和编制安全措施方案等发生的费用。

④ 临时设施费是指施工企业为进行建筑工程施工所必须搭设的生活和生产用的临时建筑物、构筑物和其他临时设施费用等。

临时设施包括：临时宿舍、文化福利及公用事业房屋与构筑物，仓库、办公室、加工厂以及规定范围内道路、水、电、管线等临时设施和小型临时设施。

临时设施费用包括：临时设施的搭设、维修、拆除费或摊销费。

⑤ 夜间施工费是指因夜间施工所发生的夜班补助费、夜间施工降效、夜间施工照明设备摊销及照明用电等费用。

⑥ 二次搬运费是指因施工场地狭小等特殊情况而发生的二次搬运费用。

⑦ 冬、雨期施工增加费是指在冬、雨期施工期间，为保证工程质量，采取保温、防护措施所增加的费用，防雨、防滑、排雨水等措施费以及因工效和机械作业效果降低所增加的费用。

⑧ 工程定位复测、工程点交、场地清理费是指开工前测量、定位、钉龙门板桩及经规划部门派员复测的费用；办理竣工验收，进行工程点交的费用以及竣工后室内清扫等场地清理所发生的费用。

⑨ 室内环境污染物检测费是指为保护公众健康，维护公共利益，对民用建筑中由于建筑材料和装修材料产生的室内环境污染物进行检测所发生的费用。

⑩ 缩短工期措施费是指由于建设单位原因，要求施工工期少于合理工期、施工单位为满足工期的要求而采取相应措施发生的费用。

⑪ 生产工具用具使用费是指施工生产所需不属于固定资产的生产工具及检验用具的购置、摊销和维修费。

⑫ 其他施工组织措施费是指根据各专业特点、地区和工程特点所需增加的施工组织措施费用。

2. 间接费

间接费由企业管理费和规费组成。

（1）企业管理费是指建筑安装企业组织施工生产和经营管理所需的费用。内容包括：

1）管理人员工资是指管理人员的基本工资、工资性补贴、职工福利费、劳动保护费。

2）办公费是指企业管理办公用的文具、纸张、账表、印刷、邮电、书报、会议、水电和集体取暖（包括现场临时宿舍取暖）用煤等费用。

3）差旅交通费是指职工因公出差、调动工作的差旅费、住勤补助费，市内交通费和误餐补助费，职工探亲路费，劳动力招募费，职工离退休、退职一次性路费，工伤人员就医路费，工地转移费以及管理部门使用的交通工具的油料、燃料、养路费等。

4）固定资产使用费是指管理和实验部门及附属生产单位使用的属于固定资产的房屋、设备仪器等的折旧、大修理、维修或租赁费。

5）工具用具使用费是指管理使用的不属于固定资产的生产工具、器具、家具、交通工具和检验、试验、测绘、消防用具等的购置、维修和摊销费。

6）劳动保险费是指由企业支付离退休职工的异地安家补助费、职工退职金、6个月以上的病假人员工资、职工死亡丧葬补助费、抚恤金、按规定支付给离休干部的各项经费。

7）工会经费是指企业按职工工资总额计提的工会经费。

8）职工教育经费是指企业为职工学习先进技术和提高文化水平，按职工工资总额计提的费用。

9）财产保险费是指施工管理用财产、车辆保险费用。

10）财务费是指企业为筹集资金而发生的各种费用。

11）税金是指企业按规定交纳的房产税、车船使用税、土地使用税、印花税等。

12）其他包括技术转让费、技术开发费、业务招待费、绿化费、广告费、公证费、法律顾问费、审计费、咨询费等。

（2）规费是指省级以上政府和有关权力部门批准必须交纳的费用（简称规费）。规费具有强制性，属不可竞争性费用，在执行中不得随意调整。内容包括：

1）工程排污费是指施工现场按规定交纳的工程排污费。

2）工程定额测定费是指按规定支付工程造价（定额）管理部门的定额测定费。

3）社会保障费是指按国家规定交纳的各项社会保障费、职工住房公积金以及尚未划转的离休人员费用等，也称为"社保"。

① 养老保险费是指企业按照国家规定标准为职工交纳的养老保险费。

② 失业保险费是指企业按照国家规定标准为职工交纳的失业保险费。

③ 医疗保险费是指企业按照国家规定标准为职工交纳的基本医疗保险费。

4）住房公积金是指企业按照国家规定标准为职工交纳的住房公积金。

5）危险作业意外伤害保险是指按照建筑法规定，企业为从事危险作业的建筑安装施工人员支付的意外伤害保险费。

3. 利润

利润是指施工企业完成所承包工程获得的盈利。

4. 税金

税金是指国家税法规定的应计入建设工程造价内的营业税、城市维护建设税、教育费附加和水利建设基金。

9.1.2　建设工程造价计算程序

建设工程（包括建筑、装饰装修、安装、市政、园林绿化及仿古建筑工程）实行工程量清单计价，采用综合单价法。该方法是指分部分项工程项目、施工技术措施费项目的单价采用除规费、税金外的全费用单价（综合单价）的一种计价方法，规费、税金单独计取。综合单价是指完成工程工程量清单中一个规定计量单位项目所需的人工费、材料费、机械使用费、企业管理费和利润，并考虑风险因素。

1. 分部分项工程量清单项目、施工技术措施清单项目综合单价计算程序

（1）基本单位的分项工程综合单价计算程序。分项工程综合单价是指组成某个清单项目的各个分项工程内容的综合单价，计算程序见表 9-2。

表 9-2　基本单位的分项工程综合单价计算程序

序　号	费用项目		计算公式
一	直接工程费		人工费+材料费+机械费
其中		1. 人工费	
		2. 机械费	
二	企业管理费		（1+2）×相应企业管理费费率
三	利　润		（1+2）×相应利润率
四	综合单价		一+二+三

（2）分项施工技术措施项目综合单价计算程序见表 9-3。

表 9-3　分项施工技术措施项目综合单价计算程序

序　号	费用项目		计算公式
一	分项施工技术措施费		人工费+材料费+机械费
其中		1. 人工费	
		2. 机械费	
二	企业管理费		（1+2）×相应企业管理费费率
三	利　润		（1+2）×相应利润率
四	综合单价		一+二+三

（3）分项工程清单项目、施工技术措施清单项目综合单价计算程序

1）分部分项工程量清单项目综合单价是指给定的清单项目的综合单价，即基本单位的清单项目所包括的各个分项工程内容的工程量分别乘以相应综合单价的小计。

分部分项工程量清单项目综合单价=Σ（清单项目所含分项工程内容的综合单价×其工程量）/清单项目工程量。

清单项目所含分项工程内容的综合单价可参照"安徽省建设工程消耗量定额综合单价"（建筑、装饰装修、安装、市政、园林绿化及仿古建筑工程等）。

2）施工技术措施清单项目综合单价计算步骤如下：

施工技术措施清单项目综合单价=Σ（分项施工技术措施项目综合单价×其工程量）/清单项目工程量。

施工技术措施清单项目综合单价可参照"安徽省建设工程消耗量定额综合单价"（建筑、装饰装修、安装、市政、园林绿化及仿古建筑工程等）。

2. 施工组织措施项目清单费计算

施工组织措施项目清单费一般按照直接工程费和施工技术措施项目费中的"人工费+机械费"为取费基数乘以相应的费率计算。

3. 单位工程造价计算程序

建设工程中各单位工程的取费基数为人工费与机械费之和,其中工程造价计算程序见表 9-4。

表 9-4　建设工程造价计算程序

序　　号		费用项目	计算公式
一		分部分项工程量清单项目费	Σ(分部分项工程量×综合单价)
	其中	1. 人工费	
		2. 机械费	
二		措施项目清单费	(一)+(二)
		(一)施工技术措施项目清单费	Σ(施工技术措施项目清单)×综合单价
	其中	3. 人工费	
		4. 机械费	
		(二)施工组织措施项目清单费	Σ(1+2+3+4)×费率
三		其他项目清单费	按清单计价要求计算
四	规费	规费(一)	(1+3)×规定的相应费率
		规费(二)	(一+二+三)×规定的相应费率
五		税　金	(一+二+三+四)×规定的相应费率
六		建设工程造价	一+二+三+四+五

注:1. 规费(一)是指工程排污费、社会保障费、住房公积金、危险作业意外伤害保险费。
　　2. 规费(二)是指工程定额测定费。

9.1.3　建设工程清单计价费用定额的适用范围

1. 建筑工程

适用于一般工业与民用建筑新建、扩建项目的房屋建筑工程,各种设备基础、管道沟基础,一般炉体砌筑、场地平整,各种混凝土构件、木构件以及附属于一个单位工程内的挖方或填方量不超过 5000m³ 的土石方工程等。

2. 安装工程

适用于机械设备、电气设备、热力设备、静置设备与工艺金属结构安装、工业管道工程、给水排水、采暖、燃气、通风空调、消防、自动化控制仪表、炉窑砌筑、涂装、防腐绝热等安装工程。

9.1.4　建设工程取费的计算规定

(1)建设工程取费以"人工费+机械费"为计算基数。"人工费+机械费"是指直接工程费与施工技术措施费中的人工费与机械费之和,其中人工费不包括机上人工费,机械费不包括大型机械进出场及安拆费。

（2）人工费、材料费、机械费按建设工程消耗定额项目或分部分项工程量清单项目及施工技术措施项目清单计算的人工、材料、机械台班消耗量乘以相应单价计算。

（3）措施费项目应根据省清单计价依据或措施项目清单，结合工程实际情况确定。施工技术措施费按建设工程工程量清单计价规范和相应的消耗量定额计算。施工组织措施费可按本清单费用定额计算，其中环境保护费、文明施工费、安全施工费、临时设施费组成安全防护、文明施工措施费，投标报价取费时不应低于弹性区间费率下限的90%。

（4）企业管理费费率和利润率是根据工程类别确定的。工程类别执行本章"9.3节工程类别划分标准"的规定。

（5）规费应按本清单费用定额规定的费率计取。其中规费费率中不含危险作业意外伤害保险费，该费按各市有关规定计算。

（6）税金应按本清单费用定额规定费率计取，以"直接费+间接费+利润"为计算基数乘以相应的费率。

（7）缩短工期措施费以工期缩短的比例计取。工期缩短的比例=[（合同工期-定额工期）/定额工期]×100%。如果缩短工期比例在30%以上，应由专家评委审定其措施方案及相应的费用才能认定。定额工期执行安徽省现行工期定额。无工期定额参考的工程，此项费用协商解决。计取缩短工期措施费的工程，不应同时计取夜间施工费。

（8）本清单费用定额水平是以2005年版安徽省建设工程清单计价消耗量定额及其综合单价为基础编制的，有关费用项目的费率水平应随着取费基数的变化而做相应的调整。

（9）本清单费用定额费率是按单位工程综合测定的。若按规定发生专业工程分包时，总承包单位可按分包工程造价的1%~3%向发包方计取总承包服务费。发包与总承包双方应在施工合同中约定或明确总承包服务的内容及费率。

（10）工程保险费、风险费应按有关规定在合同中约定。

（11）有毒害气体保健津贴是指建设施工企业到有毒害气体的厂矿进行施工时，原则上按有关专业定额计算，无规定时按进入有毒害气体现场施工的职工，比照建设单位职工享有的保健津贴发放。其津贴的计算按实际施工出勤的工日数，将应发津贴列入工程结算中。所计取的保健津贴费用，除计取税金外不得计取其他各项费用。

（12）返工损失费：由于设计或发包人的责任而发生的返工损失费用，由设计单位或发包人负责。

（13）施工现场水电费：原则上承包方进入施工现场后单独装表，分户结算，如未单独装表，其水电费用应返还给发包方，具体返还比例双方应根据实际情况确定。

（14）检验试验费：可按材料费的0.20%计取，构成工程的材料费。

（15）零星工作项目费可根据拟建工程具体情况，按分部分项工程费的2%以内计取，应详细列出人工、材料、机械的名称、计量单位和相应的数量。

（16）签证工：是指发包方向承包方借用工人，完全属于发包方自己负责的工程，以及施工前期属于发包方负责的准备工作，而交由承包方代行完成的用工。签证工工资单价一律按25元/工日计取，计取的费用除计取税金外，不得计取其他各项费用。少量零星无定额可查的项目，采用点工的，其点工比照签证工计算。

（17）停、窝工损失费：是指承包方按合同规定或双方协定的条款进入现场后，如因设计或发包方责任造成停、窝工损失的费用，应由发包方负责。内容主要包括：在停、窝工期间的现场施工机械停滞费、现场工人的工资及周转性材料的维护和摊销费。施工机械停、窝工损失费以定额中机械台班的停滞费乘以停滞台班量计算。工人停、窝工损失费：停、窝工总工日数乘以每工日单价，再以停、窝工工资总额的30%作为管理费。其中停滞台班量和工人停、窝工总工日数，均应扣除法定节假日。周转性材料的停、窝工损失费可按实结算。按上述规定计算的停、窝工损失费总和后，只计取税金。

（18）劳动保险行业统筹费（简称劳保费）应按各市建设行政主管部门规定实施。

9.2　电气安装工程工程量清单计价取费费率

（1）安装工程施工技术措施费按安装工程计价规范和安装工程消耗量定额规定执行。

（2）安装工程施工组织措施费费率见表9-5。

表9-5　安装工程施工组织措施费费率

定额编号	项目名称		计算基数	费率(%)
C1	施工组织措施费			
C1-1	环境保护费		人工费+机械费	0.2~0.9
C1-2	文明施工费		人工费+机械费	1.5~4.2
C1-3	安全施工费		人工费+机械费	1.6~3.6
C1-4	临时设施费		人工费+机械费	4.2~7.0
C1-5	夜间施工费		人工费+机械费	0.0~0.2
C1-6	缩短工期措施费			
C1-6.1	其中	缩短工期10%以内	人工费+机械费	0.0~2.5
C1-6.2		缩短工期20%以内	人工费+机械费	2.5~4.0
C1-6.3		缩短工期30%以内	人工费+机械费	4.0~6.0
C1-7	二次搬运费		人工费+机械费	0.6~1.3
C1-8	已完工程及设备保护费		人工费+机械费	0.0~0.3
C1-9	冬、雨期施工增加费		人工费+机械费	1.1~2.0
C1-10	工程定位复测、工程点交、场地清理费		人工费+机械费	0.4~1.0
C1-11	生产工具用具使用费		人工费+机械费	0.9~2.1

（3）安装工程企业管理费费率见表9-6。

表9-6　安装工程企业管理费费率

定额编号	项目名称	计算基数	费率(%)		
			一类	二类	三类
C2	企业管理费				
C2-1	机械设备、热力设备、静置设备与工艺金属结构	人工费+机械费	30~35	24~29	18~23
C2-2	工业管道及水、暖、通风、消防管道	人工费+机械费	35~40	29~34	23~28
C2-3	电气、智能化、自动化控制及消防电气	人工费+机械费	37~42	31~36	25~30
C2-4	炉窑砌筑工程	人工费+机械费	30~40	19~29	—

（4）安装工程利润率见表9-7。

表9-7　安装工程利润率

定额编号	项目名称	计算基数	费率（%）		
			一类	二类	三类
C3	利润				
C3-1	机械设备、热力设备、静置设备与工艺金属结构	人工费+机械费	16~21	10~15	4~9
C3-2	工业管道及水、暖、通风、消防管道	人工费+机械费	21~26	15~20	9~14
C3-3	电气、智能化、自动化控制及消防电气	人工费+机械费	25~30	19~24	13~18
C3-4	炉窑砌筑工程	人工费+机械费	15~20	9~14	—

（5）安装工程规费费率见表9-8。

表9-8　安装工程规费费率

定额编号	项目名称	计算基数	费率（%）
C-4	规费		
C4-1	社会保障费		
C4-1.1	养老保险费	分部分项项目清单人工费+施工技术措施项目清单人工费	20~35
C4-1.2	失业保险费	分部分项项目清单人工费+施工技术措施项目清单人工费	2~4
C4-1.3	医疗保险费	分部分项项目清单人工费+施工技术措施项目清单人工费	8~15
C4-2	住房公积金	分部分项项目清单人工费+施工技术措施项目清单人工费	10~20
C4-3	危险作业意外保险费	分部分项项目清单人工费+施工技术措施项目清单人工费	0.5~1.0
C4-4	工程排污费	按工程所在地环保部门规定计取	
C4-5	工程定额测定费	税前工程造价	0.124

（6）安装工程税金费率见表9-9。

表9-9　安装工程税金费率

定额编号	项目名称	计算基数	费率（%）		
			市区	城（镇）	其他
C5	税金	分部分项工程项目清单费+措施项目清单费+其他项目清单费+规费	3.475	3.410	3.282
C5-1	税费	分部分项工程项目清单费+措施项目清单费+其他项目清单费+规费	3.413	3.348	3.220
C5-2	水利建设基金	分部分项工程项目清单费+措施项目清单费+其他项目清单费+规费	0.062	0.062	0.062

注：税费包括营业税、城市建设维护税及教育费附加。

9.3　电气安装工程工程量清单计价取费工程类别划分标准

（1）安装工程取费工程类别划分见表9-10。

表 9-10　安装工程取费工程类别划分

类别 工程	一类	二类	三类
机械设备 安装工程	1. 台重 30t 以上各类机械设备安装 2. 起重量 20t 以上起重设备及相应轨道安装 3. 半自动机床安装 4. 工业炉设备安装 5. 直流、集控快速电梯安装或直流、集控高速电梯安装 6. 1500kW 以上压缩机组（风机）泵类安装 7. 起重能力 100t·m 以上塔式起重机及相应轨道安装 8. 精密数控机床安装 9. 成套引进设备安装，自动加工线安装	1. 台重 10t 以上各类机械设备安装 2. 起重量 5t 以上起重设备及相应轨道安装 3. 煤气发生设备安装 4. 输送设备安装 5. 交流、半自动低速货梯安装 6. 1000kW 以上压缩机组（风机）泵类安装 7. 交流、集控低速电梯安装	1. 台重 10t 以下各类机械设备安装 2. 其他机械及附属设备安装 3. 起重量 5t 以下起重设备及相应轨道安装 4. 1000kW 以下压缩机组（风机）泵类安装
热力设备 安装工程	A、B 级锅炉热力设备及其附属设备安装	C、D 级锅炉热力设备及其附属设备安装	E 级锅炉安装
工业管道 安装工程	1. I、II、III 类管道安装 2. 铝及铝合金管道安装 3. 钛管、镍管安装	IV、V 类管道安装	1. 非金属低压管道安装 2. 铸铁给水排水管道安装
通风、空调 安装工程	净化、超净、恒温、恒湿通风管道系统安装	1. 集中空调系统安装 2. 除尘、排毒、排烟系统制作安装	1. 一般机械通风设备及其系统、分体式空调机、窗式空调器等安装 2. 轴流通风机、排风扇和自然通风工程
自动化控制 装置及仪表 安装工程	微机控制自动化装置及仪表安装调试	指示记录型单独控制及显示自动化装置及仪表安装、调试	除一类、二类工程以外的其他自动化控制装置及仪表安装
电气设备 安装工程	35kV 及以下变配电所电气设备安装、调试	10kV 及以下变配电所电气设备安装、调试及配电线路安装等	1kV 及以下变配电所电气设备、低压配电设备安装调试及配电线路安装等
静置设备 与工艺金属 结构工程	1. II、III 类容器现场制作、安装 2. 台重 50t 以上设备制作、安装 3. 容量 10000m³ 以上金属油罐、容量 5000m³ 以上气柜制作、安装 4. 跨距 20m 以上或单重 5t 以上金属结构制作、安装 5. 100t 以上火炬、排气筒制作、安装	1. I 类容器现场制作、安装 2. 台重 30t 以上设备制作、安装 3. 容量 5000m³ 以上金属油罐、容量 1000m³ 以上气柜制作、安装 4. 跨距 12m 以上或单重 3t 以上金属结构制作、安装 5. 100t 以下火炬、排气筒制作、安装	1. 台重 30t 以下设备制作、安装 2. 容量 5000m³ 以下金属油罐、容量 1000m³ 以下气柜制作、安装 3. 跨距 12m 以下或单重 3t 以下金属结构制作、安装

（续）

工程 ＼ 类别	一类	二类	三类
给水排水、采暖、燃气安装工程	1. 管外径 630mm 以上厂区（室外）煤气管网安装 2. 管外径 720mm 以上厂区（室外）采暖管网安装	1. 管外径 630mm 以下厂区（室外）煤气管网安装 2. 管外径 720mm 以下厂区（室外）采暖管网安装 3. 管外径 300mm 以上厂区（室外）供水管网安装 4. 管外径 600mm 以上厂区（室外）排水管网安装	1. 管外径 300mm 以下厂区（室外）供水管网安装 2. 管外径 600mm 以下厂区（室外）排水管网安装
消防及安全防范设备安装工程	火灾自动报警系统安装、调试及监控设备安装调试	水灭火系统安装、调试	气体灭火系统及泡沫灭火系统安装、调试
炉窑砌筑工程	专业炉窑砌筑	一般工业炉窑砌筑	—

（2）工程类别划分说明包括以下六个方面。

1）安装工程以单位工程为类别划分单位。符合以下规定者为单位工程：

① 设备安装工程和民用建筑物或构筑物合并为单位工程，建筑设备安装工程同建筑工程类别（不包括单位锅炉房、变电所）。

② 新建或扩建的住宅区、厂区的室外给水、排水、供热、燃气等建筑管道安装工程；室外的架空线路、电缆线路、路灯等建筑电气安装工程均为单位工程。

③ 厂区内的室外给水、排水、热力、煤气管道安装工程；架空线路、电缆线路安装；龙门起重机、固定式带式输送机安装；拱顶罐、球形罐制作、安装；焦炉、高炉及热风炉砌筑等各自为单位工程。

④ 工业建筑物或构筑物的安装工程各自为单位工程。

⑤ 工业建筑室内的上下水、暖气、煤气、卫生、照明等工程由建筑单位施工时，应同建筑工程类别执行。

2）安装单位工程中，有几个分部（专业）工程类别时，以最高分部（专业）类别为单位工程类别。分部（专业）工程类别中由几个特征时，凡符合其中之一者，即为该类工程。

3）在单位工程内，如仅有一个分部（专业）工程时，则该分部（专业）工程即为单位工程。

4）一个类别工程中，部分子目套用其他工程子目时，按主册类别执行。

5）安装工程中的涂装、绝热、防腐蚀工程，不单独划分类别，归并在所属类别中。单独涂装、防腐蚀、绝热工程按相应工程三类取费。

6）智能化安装工程均按一类工程取费。

本章摘录于《安徽省建设工程清单计价费用定额》。

第10章 某商住楼电气施工图工程量清单计价实例

10.1 某商住楼电气施工图工程量清单实例

（1）建筑工程量清单书封面见表10-1。

表 10-1 建筑工程量清单书封面

××商住楼电气工程工程量清单书

工程造价 ××工程造价咨询企业

招 标 人：<u>　××厅　</u>
（单位盖章）

咨 询 人：<u>资质专用章</u>
（单位资质专用章）

法定代表人
或其授权人：<u>　××厅　</u>
<u>法定代表人</u>
（签字或盖章）

法定代表人
或其授权人：<u>　××工程造价咨询企业　</u>
<u>法定代表人</u>
（签字或盖章）

编 制 人：<u>　××签字　</u>
（造价员签字盖专用章）

复 核 人：<u>　××签字　</u>
（造价工程师签字盖专用章）

编 制 时 间：×年×月×日

复 核 时 间：×年×月×日

（2）工程量清单总说明见表10-2。

表 10-2 工程量清单总说明

工程名称：××商住楼（图样见本书第6章）

工程量清单总说明

1. 工程概况：本工程建筑面积为2683m^2，底层是商场，2~6为住宅。地上6层，底层是框架剪力墙结构，2层是砖混结构，建筑高度为20.90m，基础是钢筋混凝土独立基础。

2. 招标范围：电气照明工程。

3. 工程质量要求：优良工程。

4. 工程量清单编制依据：

4. 1. 建筑设计院设计的施工图一套。

4. 2. 本单位编制的招标文件及招标答疑。

4. 3 工程量清单计量根据《建设工程工程量清单计价规范》（GB 50500—2013）、《房屋建筑与装饰工程工程量计算规范》（GB50854—2013）及《通用安装工程工程量计算规范》（GB 50856—2013）编制。

（3）电气工程分部分项工程量清单见表 10-3。

表 10-3　电气工程分部分项工程量清单

工程名称：××商住楼（图样见本书第 6 章）

序号	项目编码	项目名称	项目特征描述	计量单位	工程数量	综合单价	合价	其中：暂估价
1	030404018001	总照明箱	（M1/DCX20），箱体安装	台	4			
2	030404018002	总照明箱	（Ms/DCX），箱体安装	台	2			
3	030404018003	户照明箱	（XADP－P110），箱体安装	台	24			
4	030404019001	自动开关	HSL1	个	4			
5	030404019002	自动开关	E4CB240CE	个	25			
6	030404019003	自动开关	C45N/2P	个	40			
7	030404019004	自动开关	C45N/1P	个	60			
8	030404019005	延时开关		个	12			
9	030404019006	单板开关		个	12			
10	030404019007	双板开关		个	64			
11	030404019001	二、三极双联暗插座	F901F910ZS	套	219			
12	030410003001	导线架设	BXF-35 1. 导线架设 2. 导线进户架设 3. 进户横担安装	m	120			
13	030410003002	导线架设	BXF-16 1. 导线架设 2. 导线进户架设 3. 进户横担安装	m	120			
14	030409002001	接地装置	⏚ 40×4 镀锌扁钢，接地母线敷设	m	8			
15	030409003001	避雷装置	避雷网 φ10 镀锌圆钢，引下线利用构造柱内钢筋，接地母线⏚ 40×4 镀锌扁钢 1. 避雷带制作 2. 断接卡子制作、安装 3. 接线制作 4. 接地母线制作、安装	项	6			
16	030411008001	母线调试		段	2			
17	030411011001	接地电阻测试		系统	8			

（续）

序号	项目编码	项目名称	项目特征描述	计量单位	工程数量	金额/元		
						综合单价	合价	其中：暂估价
18	030412001001	G50 钢管	1. 刨沟槽 2. 电线管路敷设 3. 接线盒，接座盒等安装 4. 防腐油漆	m	12.4			
19	030412001002	G25 钢管	1. 刨沟槽 2. 电线管路敷设 3. 接线盒，接座盒等安装 4. 防腐油漆	m	143.2			
20	030412001003	SGM16 塑管	1. 刨沟槽 2. 电线管路敷设 3. 接线盒，接座盒等安装 4. 防腐油漆	m	2916			
21	030412004001	BV-35 铜线	1. 配线 2. 管内穿线	m	24.8			
22	030412004002	BV-10 铜线	1. 配线 2. 管内穿线	m	504			
23	030412004003	BV-4 铜线	1. 配线 2. 管内穿线	m	1236			
24	030412004004	BV-2.5 铜线	1. 配线 2. 管内穿线	m	7418			
25	030413001001	吊灯安装		套	208			
26	030413001002	吸顶灯安装		套	72			

（4）措施项目清单与计价表见表 10-4。

表 10-4　措施项目清单与计价表

工程名称：××商住楼（图样见本书第 6 章）

序号	定额编号	项目名称	计量单位	工程数量或计算基数	金额/元	
					综合单价或费率(%)	合价
		措施项目清单与计价（一）				
1						
2						

（续）

序号	定额编号	项目名称	计量单位	工程数量或计算基数	金额/元	
					综合单价或费率(%)	合价
		措施项目清单与计价(二)				
3						
4						

（5）其他项目清单与计价汇总表见表 10-5。

表 10-5　其他项目清单与计价汇总表

工程名称：××商住楼（图样见本书第 6 章）

序号	项目名称	计量单位	金额/元	备注
1	暂列金额			
2	暂估价			
3	计日工			
4	总承包服务费			
	合计			

（6）暂列金额明细表见表 10-6。

表 10-6　暂列金额明细表

工程名称：××商住楼（图样见本书第 6 章）

序号	项目名称	计量单位	金额/元	备注
1				
2				
3				

（7）暂估价明细表见表 10-7。

表 10-7　暂估价明细表

工程名称：××商住楼（图样见本书第 6 章）

序号	项目名称	计量单位	金额/元	备注
	材料暂估价			
1				
2				
3				

（续）

序号	项目名称	计量单位	金额/元	备注
	小计			
	专业工程暂估价			
4				
5				
	小计			
	合计			

（8）计日工表见表 10-8。

表 10-8　计日工表

工程名称：××商住楼（图样见本书第 6 章）

编号	项目名称	单位	暂定数量	综合单价	合价
一	人工				
1	普工	工日			
2	技工	工日			
	人工小计				
二	材料				
1		t			
2		t			
3		t			
	⋮	⋮			
	材料小计				
三	施工机械				
1					
2					
	施工机械小计				
	总计				

（9）总承包服务费计价表见表 10-9。

表 10-9　总承包服务费计价表

工程名称：××商住楼（图样见本书第 6 章）

序号	项目名称	项目价值/元	服务内容	费率（%）	金额/元
1	发包人发包专业工程				
2	发包人供应材料				
	合计				

（10）规费、税金项目清单与计价表见表 10-10。

表 10-10　规费、税金项目清单与计价表

工程名称：××商住楼（图样见本书第 6 章）

序号	项目名称			计算基数	金额/元	
					费率（%）	合价
1	规费 1	1.1 工程排污费		按工程所在地环保规定计算		
		1.2 社会保障费	养老保险费	人工费	20	
			失业保险费	人工费	2	
			医疗保险费	人工费	8	
		1.3 住房公积金		人工费	10	
		1.4 危险作业意外保险费		人工费	0.5	
	规费 2	工程定额测定费		税前工程造价	0.124	
2	税金			分部分项工程费+措施项目费+其他项目费+规费	3.475	
	合计					

10.2　某商住楼电气施工图工程量计算过程实例

电气工程分部分项工程量计算过程见表 10-11。

表 10-11　电气工程分部分项工程量计算过程

工程名称：××商住楼

序号	分项工程名称	单位	工程量	计算式
1	总照明箱（M1/DCX20）	台	4	按设计图示数量计算 4 台
2	总照明箱（Ms/DCX）	台	2	按设计图示数量计算 2 台
3	户照明箱	台	24	按设计图示数量计算 24 台
4	自动开关（HSL1）	个	4	按设计图示数量计算 4 个
5	自动开关（E4CB240CE）	个	25	按设计图示数量计算 25 个
6	自动开关（C45N/2P）	个	40	按设计图示数量计算 （20×2）个 = 40 个
7	自动开关（C45N/1P）	个	60	按设计图示数量计算 （6×10）个 = 60 个
8	延时开关	个	12	按设计图示数量计算 12 个
9	单板开关	个	65	按设计图示数量计算 （5+12×5）个 = 65 个

（续）

序号	分项工程名称	单位	工程量	计算式
10	双板开关	个	64	按设计图示数量计算 (12×5+4)个＝64 个
11	二、三 极 双 联 暗 插 座 （F901F910ZS）	套	219	按设计图示数量计算 (23+36×5+16)套＝219 套
12	导线架设（BXF-35）	m	120	按设计图示尺寸的长度计算 (30×4)m＝120m
13	导线架设（BXF-16）	m	120	按设计图示尺寸的长度计算 (30×4)m＝120m
14	接地装置（Φ40×4 镀锌扁钢）	m	8	按设计图示尺寸的长度计算，根据电 施工中图比例量得 (4×2)m＝8m
15	避雷装置	项	6	按设计图示数量计算 6 项
	避雷网	m	216	按设计图示尺寸的长度计算，根据施 工图比例量得 (108×2)m＝216m
16	母线调试	段	2	2 段
17	接地电阻调试	系统	8	按图示系统计算 8 系统
18	G50 钢管	m	12.4	按设计图示的延长米计算，根据电施 1、2 号图按比例量得 [(1.4+2.4+1.4+0.5×2)×2] m＝12.4m
19	G25 钢管	m	143.2	按设计图示的延长米计算，根据电施 1、2、3、4 号图按比例量得 [(14.8+4.2×5)×4] m＝143.2m
20	SGM16 塑管	m	2916	按设计图示尺寸以延长米计算，不扣 除管路中间的接线箱（盒）、灯头盒、开 关盒所占长度 照明：2008m 电话、电视：908m 总长＝照明+电话＝(2008+908)m＝2916m
21	BV-35 铜线	m	24.8	按图示尺寸的单线延长米计算，根据 电施 1、2 号图按比例量得 (12.4×2)m＝24.8m
22	BV-10 铜线	m	504	按图示尺寸的单线延长米计算，根据 电施 4 号图按比例量得 [(2.8+5.6+8.4+11.2+14)×3×4] m ＝504m

（续）

序号	分项工程名称	单位	工程量	计算式
23	BV-4 铜线	m	1236	按图示尺寸的单线延长米计算，根据电施 1、2、3、4 号图按比例量得 [（8.6+12）×3×20] m=1236m
24	BV-2.5 铜线	m	7418	按图示尺寸的单线延长米计算，根据电施 1、2、3、4 号图按比例量得 7418m
25	吊灯	套	208	按图示数量计算，根据电施 3、4、5 号图按比例量得 （10×20+8）套=208 套
26	吸顶灯	套	72	按图示数量计算，根据电施 4 号图按比例量得 （6×2×6）套=72 套

10.3　某商住楼电气施工图工程量清单报价（投标标底）实例

（1）投标总价见表 10-12。

表 10-12　投标总价

（投标标底，图样见本书第 6 章）

投 标 总 价

招　标　人：　　　　　××厅　　　　　

工程名称：　　××商住楼土建水电安装工程　

投标总价（小写）：　　　　71335 元　　　　

（大写）：　柒万壹仟叁佰叁拾伍元整　

投标人　　　　　××建筑公司　　　　（单位盖章）

法定代表人
或其授权人：　　　　　张××　　　　　（签字盖章）

编制人：　　　　　王××　　　　　（盖专用章）

编制时间：　　　×年×月×日

（2）工程量清单投标报价总说明见表 10-13。

表 10-13　工程量清单投标报价总说明

工程名称：××商住楼(投标标底,图样见本书第 6 章)

工程量清单投标报价总说明

1. 编制依据：

1.1 招标方提供的××楼招标邀请书、招标答疑等招标文件。

2. 编制说明：

2.1 经我公司核算招标方招标书中公布的"工程量清单"中的工程数量基本无误。

2.2 我公司编制的该工程施工方案,基本与招标文件的施工方案相似,所以措施项目与标底采用的一致。

2.3 我公司实际进行市场调查后,建筑材料市场价格确定如下：

2.3.1 所有材料均在×市建设工程造价主管部门发布某月市场材料价格上下浮 2%。

2.3.2 人工工资按 31.00 元/工日计。

2.4 工程量清单计量根据《建设工程工程量清单计价规范》(GB 50500—2013)、《房屋建筑与装饰工程工程量计算规范》(GB 50854—2013)及《通用安装工程工程量计算规范》(GB 50856—2013)编制,依据省建设主管部门颁发的计价定额和相关计价文件。

（3）工程项目投标报价汇总表见表 10-14。

表 10-14　工程项目投标报价汇总表

工程名称：××商住楼(投标标底,图样见本书第 6 章)

序号	单位工程名称	金额/元	其中		
			暂估价/元	安全文明费/元	规费/元
1	××住宅楼(土建工程)	71335			12201

（4）单位工程投标报价汇总表见表 10-15。

表 10-15　单位工程投标报价汇总表

工程名称：××商住楼(投标标底,图样见本书第 6 章)

序号	项目名称		金额/元	备注
1	分部分项工程量清单报价合计		56718	
2	措施项目清单报价合计		0	
3	其他项目报价合计		0	
4	规费	4.1　规费(一)	4596	
		4.2　规费(二)(工程定额测定费)	7605	(序号1+序号2+序号3+序号4.1)×0.124% =(56738+4596)×0.124% =61334×0.124%=7605

（续）

序号	项目名称	金额/元	备注
5	税金	2396	（序号 1+序号 2+序号 3+序号 4.1+序号 4.2）×3.475% =（61334+7605）×3.475%=2396
	合计	71335	序号 1+序号 2+序号 3+序号 4.1+序号 4.2+序号 5 =61334+7605+2396=71335

（5）电气工程分部分项工程工程量清单与计价表见表 10-16。

表 10-16　电气工程分部分项工程工程量清单与计价表

工程名称：××商住楼（图样见本书第 6 章）

序号	项目编码	项目名称	项目特征描述	计量单位	工程数量	金额/元		
						综合单价	合价	其中：暂估价
1	030404018001	总照明箱	（M1/DCX20），箱体安装	台	4	279.49	1117.96	
2	030404018002	总照明箱	（Ms/DCX），箱体安装	台	2	88.40	176.80	
3	030404018003	户照明箱	（XADP-P110），箱体安装	台	24	150.64	3615.36	
4	030404019001	自动开关	HSL1	个	4	94.97	379.88	
5	030404019002	自动开关	E4CB240CE	个	25	93.10	2327.50	
6	030404019003	自动开关	C45N/2P	个	40	64.68	2587.20	
7	030404019004	自动开关	C45N/1P	个	60	41.26	2475.60	
8	030404019005	延时开关		个	12	37.28	447.36	
9	030404019006	单板开关		个	12	7.16	85.92	
10	030404019007	双板开关		个	64	9.82	628.48	
11	030404019001	二、三极双联暗插座	F901F910ZS	套	219	14.72	3223.68	
12	030410003001	导线架设	BXF-35 1. 导线架设 2. 导线进户架设 3. 进户横担安装	m	120	9.67	1160.40	
13	030410003002	导线架设	BXF-16 1. 导线架设 2. 导线进户架设 3. 进户横担安装	m	120	5.49	658.80	
14	030209002001	接地装置	⏚40×4 镀锌扁钢，接地母线敷设	m	8	84.28	674.24	

（续）

序号	项目编码	项目名称	项目特征描述	计量单位	工程数量	金额/元		
						综合单价	合价	其中：暂估价
15	030409003001	避雷装置	避雷网 φ10 镀锌圆钢，引下线利用构造柱内钢筋，接地母线 ⏚40×4 镀锌扁钢 1. 避雷带制作 2. 断接卡子制作、安装 3. 接线制作 4. 接地母线制作、安装	项	6	1713.02	10278.12	
16	030411008001	母线调试		段	2	178.36	356.72	
17	030411011001	接地电阻测试		系统	8	168.56	1348.48	
18	030412001001	G50 钢管	1. 刨沟槽 2. 电线管路敷设 3. 接线盒，接座盒等安装 4. 防腐油漆	m	12.4	11.78	146.07	
19	030412001002	G25 钢管	1. 刨沟槽 2. 电线管路敷设 3. 接线盒，接座盒等安装 4. 防腐油漆	m	143.2	9.09	1301.69	
20	030412001003	SGM16 塑管	1. 刨沟槽 2. 电线管路敷设 3. 接线盒，接座盒等安装 4. 防腐油漆	m	2916	280.29	817325.64	
21	030412004001	BV-35 铜线	1. 配线 2. 管内穿线	m	24.8	6.16	152.77	
22	030412004002	BV-10 铜线	1. 配线 2. 管内穿线	m	504	1.96	987.84	
23	030412004003	BV-4 铜线	1. 配线 2. 管内穿线	m	1236	1.61	1989.96	
24	030412004004	BV-2.5 铜线	1. 配线 2. 管内穿线	m	7418	0.80	5934.4	
25	030413001001	吊灯安装		套	208	4.89	1017.12	
26	030413001002	吸顶灯安装		套	72	76.40	5500.80	
		小计					865899	

（6）措施项目清单与计价表见表10-17。

表10-17　措施项目清单与计价表

工程名称：××商住楼（图样见本书第6章）

序号	定额编号	项目名称	计量单位	工程数量或计算基数	综合单价或费率(%)	合价
		措施项目清单与计价（一）				
1						
2						
		措施项目清单与计价（二）				
3						
4						

金额/元列跨综合单价或费率(%)、合价两列。

（7）其他项目清单与计价汇总表见表10-18。

表10-18　其他项目清单与计价汇总表

工程名称：××商住楼（图样见本书第6章）

序号	项目名称	计量单位	金额/元	备注
1	暂列金额			
2	暂估价			
3	计日工			
4	总承包服务费			
	合计			

（8）暂列金额明细表见表10-19。

表10-19　暂列金额明细表

工程名称：××商住楼（图样见本书第6章）

序号	项目名称	计量单位	金额/元	备注
1				
2				
3				

（9）暂估价明细表见表10-20。

表 10-20　暂估价明细表

工程名称：××商住楼(图样见本书第 6 章)

序号	项目名称	计量单位	金额/元	备注
	材料暂估价			
1				
2				
3				
	小计			
	专业工程暂估价			
4				
5				
	小计			
	合计			

（10）计日工表见表 10-21。

表 10-21　计日工表

工程名称：××商住楼(图样见本书第 6 章)

编号	项目名称	单位	暂定数量	综合单价	合价
一	人工				
1	普工	工日			
2	技工	工日			
	人工小计				
二	材料				
1		t			
2		t			
3		t			
	⋮	⋮			
	材料小计				
三	施工机械				
1					
2					
	施工机械小计				
	总计				

（11）总承包服务费计价表见表 10-22。

表 10-22　总承包服务费计价表

工程名称：××商住楼(图样见本书第 6 章)

序号	项目名称	项目价值/元	服务内容	费率(%)	金额/元
1	发包人发包专业工程				
2	发包人供应材料				
	合计				

（12）规费、税金项目清单与计价表见表 10-23。

表 10-23　规费、税金项目清单与计价表

工程名称：××商住楼(图样见本书第 6 章)

序号	项目名称			计算基数	金额/元	
					费率(%)	合价
1	规费1		1.1 工程排污费	按工程所在地环保规定计算		
		1.2 社会保障费	养老保险费	11348	20	
			失业保险费	11348	2	
			医疗保险费	11348	8	
			1.3 住房公积金	11348	10	
		1.4 危险作业意外保险费		11348	0.5	
		小计		11348	40.5	4596
	规费2	工程定额测定费		税前工程造价	0.124	
2	税金			分部分项工程费+措施项目费+其他项目费+规费	3.475	
	合计					

（13）电气工程人工分析见表 10-24。

表 10-24　电气工程人工分析

工程名称：××商住楼(投标标底,图样见本书第 6 章)

序号	项目编码	项目名称	定额编号	工程内容	单位	数量	人工工日	
							单数	合数
1	030404018001	总照明(M1/DCX20)			台	4		
			C2-272	总照明箱,制安	台	4	1.746	6.98
2	030404018002	总照明箱(Ms/DCX)			台	2		
			C2-271	总照明箱,制安	台	2	1.455	2.91
3	030404018003	户照明(XADP-P110)			台	24		
			C2-274	户照明箱,制安	台	24	2.716	65.18
4	030404019001	自动开关(HSL1)			个	4		
			C2-275	自动开关	个	4	0.970	3.88
⋮	⋮	⋮	⋮	⋮	⋮	⋮	⋮	⋮

（续）

序号	项目编码	项目名称	定额编号	工程内容	单位	数量	人工工日	
							单数	合数
12	030410003001	导线架设（BXF35）			m	120		
			C2-963	导线进户架设	100m	1.20	0.844	1.01
			C2-937	进户横担安装	根	1	0.359	0.36
⋮	⋮	⋮	⋮	⋮	⋮	⋮	⋮	⋮

参 考 文 献

[1] 中华人民共和国住房和城乡建设部. GB 50500—2013 建设工程工程量清单计价规范[S]. 北京：中国计划出版社，2013.

[2] 安徽省建设厅. 安徽省建筑工程消耗量定额[M]. 北京：中国计划出版社，2006.

[3] 安徽省建设厅. 安徽省建设工程清单计价费用定额[M]. 北京：中国计划出版社，2006.

[4] 安徽省建设厅. 全国统一建筑工程基础定额安徽省综合估价表. 2000.

[5] 安徽省建设厅. 全国统一建筑工程基础定额安徽省综合估价表材料明细表. 2000.

[6] 安徽省建设厅. 全国统一建筑工程基础定额安徽省综合估价表. 1998.

[7] 褚振文. 建设电气工程工程量清单计价入门[M]. 北京：化学工业出版社，2006.

[8] 褚振文. 建筑工程定额预算与工程量清单计价[M]. 合肥：合肥工业大学出版社，2006.

[9] 褚振文. 建筑施工图工程量清单计价实例[M]. 2版. 北京：化学工业出版社，2009.

[10] 褚振文. 建筑工程工程量清单计价入门[M]. 北京：化学工业出版社，2006.

[11] 褚振文. 建筑工程造价新旧两种模式实例详解[M]. 北京：机械工业出版社，2009.

[12] 褚振文. 常用建筑工程预算员速查手册[M]. 北京：机械工业出版社，2010.

[13] 廖小建. 建筑工程工程量清单计价快速编制技巧与实例[M]. 北京：中国建筑工业出版社，2005.

[14] 刑莉燕. 工程量清单的编制与投标报价[M]. 济南：山东科学技术出版社，2004.

[15] 本书编委会. 建筑工程专业工程量清单计价手册[M]. 北京：中国电力出版社，2005.

[16] 樊伟梁. 建筑应用电工[M]. 北京：中国建筑工业出版社，1992.

[17] 宋莲琴. 建筑制图与识图[M]. 北京：清华大学出版社，2005.

[18] 中国计划出版社. 建筑制图标准汇编[M]. 北京：中国计划出版社，2003.

[19] 杨光臣. 建筑电气工程识图 工艺 预算[M]. 北京：中国建筑工业出版社，2001.

[20] 吕光大. 建筑电气安装工程图集[M]. 北京：中国电力出版社，1994.